# JAの将来ビジョン

― JA経営マスターコース修了生はこう考える ―

藤井晶啓・西井賢悟 編著

全国共同出版

# はじめに

　「農業協同組合経営実務」において、2017年4月号から翌18年4月号まで、「JAの将来ビジョン」と題しJA経営マスターコース修了生が自JAのビジョンとその実現にむけた自己改革の取り組みを報告する機会をいただきました。本書はその連載をまとめたものです。

　ご多忙ななか執筆いただいたJA経営マスターコース修了生の方々に心からお礼を申し上げます。さらに、多面にわたる報告を体系的に総括いただいた日本協同組合連携機構（JCA）の西井主任研究員に重ねて感謝申し上げます。

　ビジョンとは経営体がめざすゴールです。ゴールがブレないからこそ、環境変化に応じて戦略を変えることができます。構造的な人口減少、組合員の世代交代、超低金利時代での経営健全化など課題は尽きません。JAが自らのビジョンを明確にし、協同組合らしく世代交代する組合員の参加・参画のもとJA全体でビジョンを共有化できなければ、必要な戦略をとれず、JAが生き残ることはできません。

　協同組合としての農協運動を世代交代にあわせて再構築することがわれわれの自己改革です。そして、JA綱領のサブタイトル「わたしたちのめざすもの」にある通り、JAグループがめざす自己改革のビジョンはJA綱領の実現です。

　先駆的なJAでは、いずれも管内の地域性と自JAの経営体力をふまえて、知恵を絞り戦略を練り自JAでしかできない改革に取組んでいます。その改革の火種となる人材育成をめざして、本会がJA全国教育センター（東京都町田市）で開催しているのがJA経営マスターコースです。JA経営マスターコースは、各JAが選抜した将来の幹部候補生が全国から集まるJAグループ版の唯一のビジネススクールです。平成11年4月の開講以来、20年にわたり600名の修了生を輩出してきました。

　修了生のいずれの報告からも各JAに帰任され様々な問題に悩みながら改革を一歩前にすすめるために懸命に努力されてきた姿を受け止めま

した。執筆いただいた内容は同じ課題を抱える多くのJAの方々にとって光明となることでしょう。また、JA経営マスターコースを運営する側として、本書は20年間の成果の見える化をする機会となりました。

　自己改革に終わりはありません。本書が、各JAの自己改革の足がかりとして参考になれば幸いです。

2019年1月<br>
全国農業協同組合中央会<br>
教育部マスターコース・センター課

# 目　次

はじめに

第1章　自らのビジョンを描き、実践するために
　　　　―自JAらしい経営戦略と人材育成―
　　　　……………………………… 全国農業協同組合中央会　藤井晶啓　　1

第2章　組合員とともにあゆむ協同組合活動の実践
　　　　～JA周南・正組合員全戸訪問の意義～
　　　　……………………………………… 山口県・JA周南　岡村岳彦　　21

第3章　JA北ひびきの将来ビジョン
　　　　～共に創る地域の未来～
　　　　……………………………… 北海道・JA北ひびき　大西裕幸　　33

第4章　組合員とともにあゆむ協同組合活動の実践
　　　　～東日本大震災を教訓とした自己改革への挑戦～
　　　　……………………………………… 宮城県・JA仙台　澁谷奉弘　　51

第5章　次世代経営戦略としての「経営品質」
　　　　～高品質の組合員価値を生み出す戦略策定を目指して～
　　　　……………………………… 神奈川県・JA横浜　角田茂樹　　69

第6章　都市型JAにおける直売所を起点とした改革
　　　　……………………………… 東京都・JA東京みなみ　志村孝光　　77

第7章　経営理念の実現に向けたJAおちいまばりの取組み
　　　　「あったか～い、心のおつきあい。」
　　　　わたしたちは地域農業の創造、心豊かな地域づくり人づくりをめざします。
　　　　……………………………… 愛媛県・JAおちいまばり　二見竜二
　　　　　　　　　　　　　　　　　　　　　　　　　　　　　大谷晃弘
　　　　　　　　　　　　　　　　　　　　　　　　　　　　　佐々木雄基　91

第8章　JA新いわての将来ビジョン
　　　　　………………………………………岩手県・JA新いわて　畑中新吉　107

第9章　安心して暮らせる地域づくりを目指して
　　　　～JA佐渡の農業・地域づくりビジョン～
　　　　　………………………………………新潟県・JA佐渡　前田秋晴　123

第10章　JA山口宇部のアクティブメンバーシップ強化に向けた活動実践
　　　　　………………………………………山口県・JA山口宇部　安平友員　139

第11章　多様化する組合員の期待に応える
　　　　　…………………………一般社団法人日本協同組合連携機構　西井賢悟　157

---

各章の著者の団体名は、月刊誌『農業協同組合経営実務』掲載時のものです。
掲載号は各章の最後に記載してあります。

# 第1章

# 自らのビジョンを描き、実践するために
## ―自JAらしい経営戦略と人材育成―

藤井 晶啓
全国農業協同組合中央会 教育部長

## 1. ビジョンを描くことを困難とさせる外部環境の変化

　協同組合経営体であるJAグループにとって、これから目指すゴールである「ビジョン」を描くことが、ますますむずかしくなっている。

　というのは、2015年改正農協法をはじめとした農協改革が狙っているのは全農をはじめとする全国連だけではないからである。相手側の論理は協同組合そのものへの批判であり、批判側の本丸は農協という組織そのものである。

　本章では、①自らのビジョンは自らの経営理念から生まれるものであること、②自らのビジョンを実現するのが経営戦略であり、経営戦略を実践することが人材育成の目的であること、③これからの農協らしい経営戦略のヒントについて考察する。なお、本稿は筆者の個人的見解であり、著者の所属組織とは無関係である。

### (1) 日本経済の構造が変わった

　日本経済の構造が明らかに変わった。わが国は人口減少時代に突入した。アベノミクスがめざしたデフレからは脱却はいまだ遠い。すでにわが国は貿易立国でもなく投資で稼ぐ国になった。円安を是正しわが国の

対米貿易黒字を減らすと公約してきたアメリカのトランプ大統領はわが国への攻勢を強めている。マイナス金利は金融機関の体力を確実に奪っている。貯蓄率（＝家計貯蓄／可処分所得）は先進国最低水準である。わが国のエンゲル係数は増加に転じた。非正規雇用が増加し相対的貧困率は悪化し、地域間・世代間の格差は拡大している。

　だから、従来のJAグループの成功体験が活きない時代になった。

## (2) 組合員・農業者の世代交代

　また、戦後一貫してわれわれ農協を支えてきた第一世代組合員の世代交代期を迎えている。第一世代は、就農した時点が高度成長期前または高度成長期初期であったため、若い時から農業者として地域農業を支え、農協を支え、地域社会を支えてきた昭和一桁と昭和十年世代である。

　これまで第一世代が組合員と農業者ともに主体であった。それが、組合員の事業利用はおもに第二世代へ、地域農業の担い手としての農業者としてはおもに第三世代へ、と世代交代期の真っ只中にある。

## (3) 「食と農を基軸に地域に根ざした協同組合」と逆行する新農協法

　世代交代を迎えた地域農業における事業承継はむずかしい問題である。また格差が拡大している地域社会では問題が深刻化している。今こそ「食と農を基軸に地域に根ざした協同組合」であるわれわれ農協の役割発揮が求められている。

　しかし、改正された農協法は、われわれが地域に根ざした協同組合をめざすなら、消費者の協同組合である生協か、員外利用規制が不要な株式会社に転換すべきであるとして生協・株式会社への転換の道を開いた。

　また、金融事業の負担・リスクを軽減して、人的資源を営農経済事業に集中させるべきとして、「信用事業の代理店化」をすすめ、地域組合ではない大規模少数農業者中心の専門農協への道へ、規制改革推進会議と農水省は誘導しようとしている。

## (4) 政治・政府とのトライアングルの崩壊

　さらに、政治との関係でも「自民党・農業団体・農水省のトライアングルに戻ることはない」と自民党農林幹部が明言する時代である。

第1章 自らのビジョンを描き、実践するために

## 2．自らの農協の経営理念・ビジョンの再確認と戦略の再構築

### (1) 自己改革を担う人材育成がなぜできないのか

　今、多くの農協では「自己改革の実践」に悩んでいる。自己改革を実践する「人材育成」に悩んでいる。しかし、それは人事制度や教育制度などの個々の仕組みを変えれば解決できる課題ではない。というのは、人事制度や教育制度は、経営戦略にもとづくものであり、その経営戦略はビジョンと経営理念に拠るためである（図1−1）。

　つまり、自己改革を担う人材育成に取り組むということは、単協自らが何をどうするかという経営戦略と自らの農協の存在意義である経営理念やビジョンが問われている、ということである。

　われわれは、これまで、ともすると他の優良農協の事例や全国連の護送船団方式など自農協の外に「正解となる解決策」を求めてきた。しかし、たとえば、多くの農協で先進視察が行われているが、視察後に自農協の戦略の見直しが行われた事例はあまり見られない。できない理由を聞くと、「地域が違う、規模が違う、人が違う」という声が多い。

　そのとおりであり、単協がおかれた環境はすべての農協で異なる。農協の規模・経営体力もすべて異なる。

　自農協の課題を最終的に解決するのは、全国連や他社コンサルタントを含めた外部ではなく、自農協の中にしかない。なぜならば、もしも、

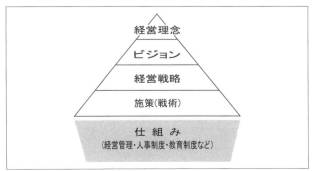

図1−1　経営理念と経営戦略、仕組みとの関係

3

「現状を打開できる理想的な経営戦略」が存在するとしても、自らが切れる手持ちのカード（経営資源）は各農協によって異なるからである。そして手持ちのカードをもっとも熟知しているのは各農協だからである。

## (2) 自らの農協の経営理念を再確認

こういう時だからこそ、自らの経営理念を再確認すること、そこから将来を展望し、経営戦略を再構築することが大事と考える。

経営理念は、われわれが何を目的とし、何が存在意義なのか、を明らかにしたものである。ドラッカーは、「企業の最大の課題は、バリュー、ミッション、ビジョンの確立である。他の機能はすべてアウトソーシングできる」と述べている。

JAグループ全体の理念として、バリュー、ミッション、ビジョンをまとめたものがJA綱領である。また、多くの農協では、自らの経営理念としてミッション、バリューを定め、中期経営計画の中で具体的なめざす姿（ビジョン）を示している。

理念について、アンジェラ・ダックスワークは著書『やり抜く力』で、「同じ仕事をしても、自分の仕事が世の中に役に立つと思っている人は、粘り強くがんばれるから、やり抜く力が強い」という最新の研究を紹介している。有名なイソップ童話のレンガ職人の寓話のとおりである。ある人が三人のレンガ職人に「なにをしているのですか？」とたずねた。すると三者三様の答えが返ってきた。

1番目の職人は「レンガを積んでいるのだ。重労働ばっかりで大変だ。ついていない」。2番目の職人は「大きな壁を作っているんだ。この仕事があるから家族を養える。大変といったらバチがあたる」。3番目の職人は「歴史に残る大聖堂を創っているんだ」。

協同組合としての農業協同組合の存在意義が問われている。それでは、今の自分達はレンガ職人の例では何番目なのか。そして、何番目をめざしたいのだろうか。

経営理念は経営の方向性を判断する羅針盤であり灯台である。だから、自農協の経営理念を揺るぎないものにすることが今回の農協批判に対応する基本となる。

## (3) 行動につながるミッションになっているか

　「ミッション」とは「存在意義」であり「使命」である。「命を使う」ということであるから、われわれが自分の「命をかけて全力であたる」「一生をかけてやり遂げる」という覚悟が問われている。ドラッカーは「ミッションは行動本位でなければならない」と説いている。

　よく「理念は建前。理念では飯は食えない。理念と現実は違う」という人がいる。しかし、その考え方は、「都市部ではJAと同じサービスを行う組織はいくらでもあるではないか、そこにJAがやることの必要性は低い」と、協同組合性を否定している農水省幹部の意見に組するだけである。

　確かに、われわれは、表面上は他企業と同じマーケティング手法を取っている。われわれが「売れるための」マーケティングで終始しているのであれば、それだけでは農水省幹部のいうとおり、協同組合も株式会社との違いはない。

　私たちは、日頃の事業において「事業を通じて、組合員の問題を解決する、一人一人の経済的欲望を達するだけでなくお互いに助け合う関係をつくる」という協同組合らしさを意識しているのだろうか。そして、株主への利益還元が最終目的という強欲の呪縛から逃れられない他企業とは違う、事業利用を目的とする協同組合企業体であることをライバルとの「差別化の源泉」にしているのだろうか。

　たとえば、直売所は、単に「売れるから」というマーケティングのために開設したものではない。季節や流行に左右されやすい観光客をメインターゲットにするよりも、地域の小規模農家の販売チャンスをつくり、地域の消費者とつなげることで、農家・消費者双方の問題を解決する、というストーリーを見える化した直売所が成功している。

　JC総研の主席研究員西井賢悟氏は、「農協職員において『協同組合理念』が高浸透の者ほど、①農業・地域への関心・行動、②組合員との関わり、③職場での行動（誠実、利他など）、④新しいアイデア等の革新行動、⑤事業実績も高い」と指摘している。

　また、「協同組合理念の高浸透者は、①20代は支店まつりなどの活動、

②30代は知識習得と組合員組織の事務局経験があり、③40代以降は管理職となり悩んだ上で、感情・知識・行動が安定してくる」と分析した。

　つまり、改めて、われわれ役員、職員それぞれが感情・知識・行動のレベルでどこまで理念が浸透しているのか、そして事業・活動の中で具現化しているか、が問われている。さもなければ、その先にあるはずの「協同組合としての組合員の参加・参画」は絵空事になる。

(4)　バリュー（価値観）は協同組合らしいものか

　「バリュー」は、「価値観・判断基準」と言い換えることができる。ミッション（使命）を果たすためには、「法律に触れなければ、どんなやり方でやってもよい」ということは、協同組合であるわれわれには許されない。そこには、大事にすべき価値観がある。それが「バリュー」である

　「民主的で公正な社会の実現」を重んじる協同組合であるわれわれは、人を騙すような農産物、金融商品やサービスを提供しないという長い歴史を持つ。だから、今の消費者から見て「農協は、目から鼻に抜けるような最先端ではないかもしれないが、安心して利用できる」と評価される商品・サービスを提供し続けてきた。それが今のわれわれを支えている「普段、意識していない強み」である。

　同様に、人を大事にするはずの協同組合で、キャンペーンにおける強制一斉推進、ノルマ達成至上主義のもとでの自爆、プロセスではなく成果だけで評価する刹那的な成果主義の人事制度があるとすれば、その協同組合では自分のバリューをどう考えているのだろうか。

　片や、信金で全国ナンバー２の実績を誇る城南信用金庫は「協同組合だから」と、かつてのノルマ主義をやめて、地域の組合員に貢献する金融機関として支店が自ら考え行動するよう転換した。

　われわれが他の協同組合から学べることは大きい。

(5)　ビジョンは期限を定めた具体的な姿になっているか

　ビジョンは、「ミッション（使命）が実現したゴール、めざす姿」である。具体的な「ある時点までには、こうなっていたい」という到達点を意味する。

第1章　自らのビジョンを描き、実践するために

　手順とすると、①自農協の経営理念と置かれている現状を再認識し、②なりゆきでの将来を予想したうえで、③これからめざす姿をビジョンとして描くことになる（図1-2）。

　ビジョンはゴールであるので、具体的であるほど良い。しかし、ともするとビジョンは美辞麗句でまとめられた「スローガン」になりやすい。このため、多くの企業ではビジョン達成までの年数を明示することで、ビジョンを単なるスローガンで終わらせない工夫をしている。

　農協でも、３年間の中期計画において「３年後のめざす姿」として示すことが多い。期間は３年、５年に限定されるものではない。長い例では、ソフトバンクは300年継続にむけた30年ビジョンを作成している。

　また、最終的なビジョンが外見的には抽象的な表現であっても、ビジョンをつくりあげる過程を大事にし、全役職員を巻き込む形で自農協のビジョンについて議論を深めることで、新たなビジョンを組織内の共通言語化した農協も見られる。

　なお、第27回JA全国大会決議では、JAグループ全体のビジョンは「今後」のめざす姿、とされ、期限を明記できなかったのは残念であった。というのも、決議で掲げた三つの姿はとても大会決議実施期間である３年後に実現できるゴールとは思えないためである。

　ビジョン（ゴール）が明確でなければ、ゴールにいたる経営戦略は描けない。

図1-2　現状とビジョン（めざす姿）の位置づけ

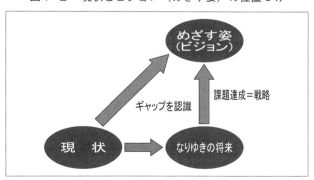

7

## 3．自農協の経営戦略（全体戦略と事業戦略）の再構築

(1) **自農協に全体戦略はあるのか**

多くの農協では、個々の信用・共済・経済事業など事業毎に緻密な事業戦略を持っている。それでは、単協全体としての「全体戦略」はいかがであろうか（図1-3）。

全体戦略とは、農協全体としてのビジョンをどう実現するか、をテーマにした戦略であり、それぞれの事業の資源配分（人材・財務など）をどうするか、を決めるものである。

(2) **全体戦略の狙い**

全体戦略の狙いは、①各事業、各部門（組織）に対して、事業戦略、機能別戦略（人材育成・財務等）の指針を与えることができる、②部門をまたいで事業を共同して取り組むべき個別戦略を明確にすることができる、③各事業の枠を超えた企業体としての事業構造の再構築、経営資源の選択と集中が可能となる、の3点である。

われわれは、これまで「総合力の発揮」を合言葉にしてきた。しかしながら、いくら事業間で個々の連携によりシナジーを生み出したくても、実際には、事業間の調整は事業担当者任せである。また、そのための経営資源（人・金）もない。事業戦略しかないので、個別事業の達成が最優先課題となるのであり、各部門をまたいだ農協らしいシナジーの実現

図1-3　全体戦略、事業戦略、機能別戦略の関係

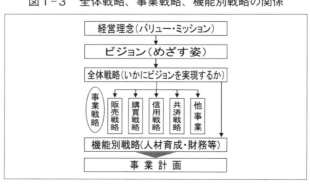

第 1 章　自らのビジョンを描き、実践するために

は困難なる。

　さらに、事業間の資源配分の変更は、単年度計画では困難である。中期計画は全体戦略を作成し、部門間の経営資源の再配分ができる数少ない機会であるが、これも意識しないと前年踏襲になりやすい。

　これまで全体戦略の位置づけが欠如していた、と反省している。そして、農水省はわれわれに全体戦略のない点を突いて、信用事業から経済事業への経営資源の再配分を求めている。

　販売事業に人的資源をシフトするには、当該部門で増高する人件費等のコストに見合う、損益分岐点となる農産物販売高、共販率、品目毎の生産量、生産面積、生産者数を確保することが前提条件となる。さらにその前に、地域農業の実態をどこまで単協が把握できているか、が問われる。そこまでが全体戦略策定の事前作業として必要である。そして、農水省は部門別損益の確保を求めながら、この点には触れていない。

### (3)　自農協の事業戦略は、県域のコピペになっていないか

　全体戦略が自農協としての成長をめざす成長戦略であるのに対して、事業戦略は事業毎に競争の中で生き残ることをめざす競争戦略である。

　実際には、経済事業を除くと、信用事業・共済事業の戦略はどの農協でも似たものである。たしかにシステムとして統一性が求められる。しかし、各地域でライバルが異なり、農協が切れる手持ちのカード（経営資源）が異なるのに、連合会・県本部が示した施策をすべて記入した事業戦略を描く農協が多い。コピーするだけでは連合会の事業戦略であっても、自農協の事業戦略ではない。

　信用・共済ともに支店などにおけるエリア戦略として、地域毎に戦略は異なる、との考え方を示しているが、全国的にはエリア戦略がうまく機能しているようには見受けられない。

### (4)　自農協の事業戦略は、三つのうちどれか

　ポーターは、「他社に打ち勝つための競争戦略には基本的に三つしかない。二つ以上を主目的としてうまくいくことはまれである」と述べている。三つの競争戦略とは、①コスト・リーダーシップ、②差別化、③集中である（図1-4）。

多くの農協は、自らの競争戦略を「コスト・リーダーシップ戦略」と考えていないだろうか。自らの管内で、本当にそれだけの圧倒的な高い市場シェアを持ち、同業他社よりも低コストを実現しているのだろうか。そもそも自農協のシェアをどこまで把握できているのだろうか。

　先進的な農協ほど、たとえば、総合事業による事業間の相乗効果を追求したライバルにはできない「差別化戦略」や、管内に農協は原則一つしかないのだからと食に関心のある子育て層にセグメントを絞る商品開発などの「集中戦略」を採用している。

　しかし、規制改革推進会議や農水省は、「総合事業を否定する信用事業代理店化」によって、情報の壁をつくることで差別化戦略を否定するとともに、コスト・リーダーシップ戦略にわれわれを誘導しようとしている。

　一方で、金融庁は、地銀に対して、コスト・リーダーシップ戦略をとれる都銀とは違う地域金融機関としての差別化戦略・集中戦略に向かうよう舵を切った。大きな違いである。

**(5)　キャンペーン頼み、業務効率化だけでは競争戦略ではない**

　金利頼みのキャンペーンに過度に依存した事業戦略は、自農協の特性を踏まえた競争戦略とはいえない。また、ポーターは、「業務効率化は当然やるべきことであり、効率化そのものは戦略ではなく前提である」とし、「業務効率化と戦略は別のものだ」と指摘している。

図1-4　三つの競争戦略

|  |  | 戦略の優位性 ||
| --- | --- | --- | --- |
|  |  | 特異性 | 低コスト |
| 戦略ターゲット | 全体 | ②差別化 | ①コスト リーダーシップ |
|  | 特定セグメントだけ | ③集中 ||

自農協がおかれた地域環境、自農協の部門毎の経営資源をふまえた、自農協らしい競争戦略が求められている。

(6) **自農協の事業戦略にとって、ライバルはどこか。**

ライバルを意識しない限り、競争戦略は描けない。自農協の各事業におけるライバルはどこか、具体的に意識できているのだろうか。

そして、ライバルが何をやっているのか、何をやろうとしているのか、を確認したうえで、ライバルを超える商品・サービスを打ち出すことは、競争の中で生き残るためには協同組合経営体であろうと、株式会社であろうと当然のことである。

## 4．人材育成におけるコストと投資の違い

われわれが経営体として人材育成を行う目的は経営戦略の達成である。

そのうえで、人材育成を「コスト」と見るか「投資」と見るかは、大きく違う。「コスト」であればコスト削減による効率向上を最優先すべきである。一方では、必要な投資ができない経営に未来はない。

たとえば、「人材育成は大事だから」と、自農協の戦略との関連もなく、中央会・連合会や他の研修業者に丸投げすることは、投資ではなくコストとみているのではないか。

コストと見ているから、研修期間はより短く研修費用は少なくと、費用対効果の良い即効性を求める。ノウハウとしての即効性が重宝され、研修費用の自己負担を減らせる連合会の研修への派遣に傾斜する。

効率性は大事であるが、往々にして即効性のあるものは長続きしない。また、投資と考えるなら、元手を取り返し長続きする効果を獲得できるよう「学ぶこと」に留まらず、「学んだあと」で仕事の現場で成果につながる行動に変わることに重点を置くはずである。

実際に、中央会・連合会の研修に参加させた後、必ず、参加した職員には研修内容について朝礼等の職場で発表させる農協がある。また、研修の後に、研修参加者の職場上司を対象に、参加者の事後の変化についてアンケートを取る中央会・連合会がある。

これらは、いずれも自らの人材育成を単なるコストではなく「投資」として位置づけようとする取組みである。

## 5．JA経営マスターコースは、改革を担う人材を育成

### ⑴　JA経営マスターコースの紹介
　自農協の全体戦略、事業戦略の策定と戦略実践をリードできる人材育成を目的としている「JA経営マスターコース」を紹介したい（図1-5）。
　JA経営マスターコース（以下、「マスターコース」と略す）は、将来の幹部候補生を育成するJAグループ唯一のビジネス・スクールとして、20歳代後半から30歳代の農協中堅職員を対象に、1年間をかけて東京都町田市のJA全国教育センターで実施している選抜型研修である。
　平成11年に開講し、20年間の歴史を持つマスターコースの修了生は、600名にのぼり、各農協における自己改革の実践の場で活躍している。

### ⑵　JA経営マスターコースの内容
　農協合併の進展によって、各農協では組織が大規模化し、事業・業務の分業化・専門化が進んでいる。たとえば、職員が1,000人を超える組織は東証一部上場企業なみの経営規模であるので、相応の経営管理が求められることになる。

図1-5　マスターコース受講の様子

このため、管理職層・中堅などの職能階層や事業毎の職種の枠組みにとらわれることなく、大規模化した農協の全体戦略を企画し、実行をマネジメントする次世代の経営を担える人材を選抜して育成するコア人材育成に取り組んできた。

　マスターコースでは、MBA（経営学修士）に準じてカリキュラムを編成している。そのうえで、JAグループらしい最大の特徴として、協同組合理念を起点として経営を学ぶことにある。すなわち、「われわれ農協は何のために存在するのか」「その強みを活かすためには何をすべきか」を押さえたうえで、その実現の手段として、「経営戦略」「組織論」「マーケティング」「会計」といった経営学の主要部分について、受け売りではなく自らの言葉で語れるよう、討議型授業で学ぶこととしている。

　マスター生は、終了後も、年1回同期を超えて、一期から現在のマスター生までが一堂に集まる機会がある。その際には、その時々のテーマでの研究発表と相互討議を行っている。また、個々のマスター修了生間での情報交換はさらに頻繁に行われている。なぜならば、自農協で発生している問題は、全国の有力な農協のどこかではすでに解決している場合が多いからである。

## (3) JA経営マスターコースと県域の中核人材育成研修との違い

　中央会が実施する戦略型研修には、全国の農協を対象にしたマスターコースのほかに、県中が実施するものがある。また、近年、単協で独自に中核人材育成に取り組む例も見られるようになった。

　マスターコースは、全中が実施することで全国の各農協から幹部候補生が集う点がもっとも違う点である。

　また、県中で実施する「JA戦略型中核人材育成研修」は、マスターコースで得たノウハウをもとに、各県域で工夫しながら数日のユニットを重ねて実施するマスターコースのミニ版の意味合いが強い。

## (4) JA経営マスターコースがこれから使命を果たすために

　まさに、農協自らが将来を見据えた自己改革が求められている時であり、これを担う人材を育成してきたマスターコースは、将来の幹部候補生を育成する貴重な研修である。

しかし、マイナス金利が農協の経営を蝕んでいることがマスターコース派遣の障害となることを危惧している。いくらマスターコースが今後の農協にとって重要であっても、派遣する農協数が損益分岐点を下回れば、（一社）全中としてマスターコースを維持することはできない。

　さりながら、全国の著名な農協では、いずれも、10年前、20年前から「投資」としての「米百俵」の精神でぶれずに人材育成を行っており、その積み上げが現在の当該農協の姿につながっている。

　このため、農協の自己改革を担う人材育成であるマスターコースへの派遣について、①マスターコースの派遣経験のある農協の理解と協力を得ること、②未派遣の農協に対する周知をはかり、人材育成の投資としてもとのとれる選抜型研修であることの認知を広めることが、マスターコースの課題である。

　そしてなによりも、③マスターコース修了生が改革の火種となり、自農協らしい組織・事業・経営をつくり上げ、自己改革を具体的に実践し、投資の成果を見せることである。

## 6．これからの農協の経営戦略を考えるヒント

### (1)　「新たな協同」と「地域でおぎないあい、つながりあう協同」

　これからの農協の経営戦略を考えるヒントの一つとして、第25回JA全国大会決議の「新たな協同」と、これを引き継いだ第26回JA全国大会決議の「地域でおぎないあい、外とつながりあう新たな協同」を取り上げたい。

　筆者は、「新たな協同」とは「多様性の尊重（ダイバーシティ）」と理解している。

　第26回大会決議では二つの柱を掲げた。「支店を核に、組合員・地域の課題に向き合う協同」と「地域でおぎないあい、つながりあう新たな協同」である。この「地域でおぎないあい、つながりあう新たな協同」は、人口減少下での地域問題の深刻化、組合員の世代交代などへの対応について、自農協として自己完結できないところは多様性を認めて、他の農協、他の協同組合、中小企業などの地域企業と連携することで、「次

代へ協同をつなぐ」ことを目指すものである。

### (2) 多様性こそが問題解決の鍵

複雑系の研究者であるミシガン大学教授スコット・ペイジは「多様な好みを持つ集団は、意見を一つにした集団より問題解決に優れている」と述べている。つまり、多様であるということは、一見、衆愚であり、非効率に見えるが、多様性こそが正確な予測となり、全体的な生産性を上げ、多様な観点を持つことでより多くのすぐれた解を導き出すことができる、ということである。

また、リーダシップ論のハーバード大学ケネディスクール教授のロナルド・A・ハイフェッツも、「自然界においても変革の原動力は多様性を持つことであり、どんな集団でも個体がユニークであるほど、環境変化に強い」と言っている。

さらに、「リーダーがやるべきことは多様な意見を出させて、調整することであり、そして、多様な観点から問題を明らかにして探究して、そこから変革への道筋を生み出すことである。どの個体もユニークである程、環境変化に強いのだから、解決策はその組織の中にある。解決策は外部専門家からもたらされるものではない。自分達で当たり前と思っていることを、注意深く『あるもの探し』して、いい結果が出ているプラスの差異を見つけることがリーダーの役目」と指摘している。

つまり、個々の農協がユニークであるほど、JAグループ全体としては環境変化に強いということになる。金太郎飴的な同一思考だけでは現在の難局は乗り切れない。

### (3) 多様性の尊重は保守的な我々農協の風土に合うのか

しかし、日本において「多様性の尊重（＝ダイバーシティ）」というと、「ビジネスや社会の場で障害者、健常者、異なる国家、文化、宗教、人種、性別、年齢など、さまざまな方がお互いに協調しあうこと」と捉える考えが強い。

さらに、地域共同体はそもそも閉鎖的な集団であり、異質なものに対する排除性は根深い。ましてや、われわれ農協は農村集落を組織基盤としているため、その傾向はなおのこと強い。

### (4) 多様性の尊重を進める観点から「支店」に着目

　このように、多様性と地域性（土着性）は、そのままでは両立しづらい。このため、「人」の多様性より、まずはわかりやすい「地域」の多様性に焦点を当てよう、という意図を組み込んだのが「支店を核に、組合員・地域の課題に向き合う協同」である。

　平均的な支店管内は公立中学校区とほぼ同じであり、大合併前の旧市町村とも一致している（表1-1）。支店という地域の多様性を認め、支店が組合員・地域の身近な拠点となることで、支店を核にして多様な世代の多様な組合員や農業・地域の課題に向き合おう、ということである。だから、支店協同活動とからめて、農協が支店で事業を展開する意義がある。

　政府のまち・ひと・しごと創生本部が立ち上げた「地域の課題解決のための地域運営組織に関する有識者会議」の最終報告（2016年12月）では、地域の課題を自ら解決をめざす地域運営組織の多様性に焦点をあてている。同じ発想である。そして、農協の支店は地域運営組織の範囲と同一な地域が多いことから、上記報告書でも農協への協力・連携を求めている。

### (5) 他企業における、地域密着・参加型マーケティングを進めている

　コトラーは、「時代は顧客満足（CS）というマーケティング2.0を経て、参加型の『マーケティング3.0』に移行している」と指摘している。

　たとえば、旅行会社クラブツーリズムは、顧客自らが同好の士を集ってツアーを企画し、広報誌の配布も手伝い、添乗も行う顧客参加型である。スマホのソフト開発もプロ・アマ問わず参加している。また、ゆうちょ銀行は地方創生への貢献として地域密着をすすめており、量販店や

表1-1　支店管内の平均（2014年）

| | |
|---|---|
| 規模　公立中学校 | 1.19 |
| （昭和の大合併前）旧市町村 | 0.99 |
| 組合員数　正准組合員 | 1,260人 |
| （正組合員551人、准組合員708人） ||
| 農協職員　支店配置職員 | 12.1人 |

コンビニ各社も日用品だからこそ地域密着戦略を主軸にしている。

　経済産業省は、小規模企業振興基本法（2014年）において、政府の基本方針の大きな柱の一つとして「地域経済の活性化ならびに地域住民の生活の向上および交流の促進に資する小規模企業の事業活動の促進」を掲げている。

　また、地銀や信金のなかには、直接融資できない取引先に対してクラウドファンディングでの資金集めを支援し、経営を軌道に乗せたうえで直接取引を深めるなどの動きも見られる。

　シェアリングエコノミーの動きも活発化している。Airbnbに代表される民泊ビジネスやメルカリのようなフリマアプリは、多くの参加者が集うことで成立するビジネスモデルである。

## (6) 農協間連携、協同組合間連携、他企業との連携は進んでいる

　人口減少時代に突入した日本社会において「この地域で生きていく」と考える人がいるほど、われわれ農協はもとより、地域に生きる生協、NPO、中小企業、自治体などとの連携は今後さらに展開されていく、と考えている。

　なぜならば、世界を見ると、2013年の「ソウル宣言」、2016年の「モントリオール宣言」のように、格差社会を招く新自由主義への対案として、「社会的連帯経済」が提起されており、すでに、実際に世界各国で、協同組合やNPOだけでなく地域社会をベースとした中小企業等との連帯・連携がすすめられているからである。

　また、われわれが農協だからこそ実現でき、他企業が真似できないユニークな取組みが各地で実施されている。そのようなユニークな取組みの多くは、単協で完結せず、農協間や他企業との連携で実現しているからである。

　たとえば、都市部の農協の直売所では、地元農産物は不足しがちである。そのため、農村部の農協の直売所と連携し、農村部の農産物を都市部の直売所で提供する。それで都市部の農協直売所の魅力が増し、来店客数が増加すれば、都市部・農村部両方の農業者の所得向上になる。このような都市部と農村部との農協間連携は今後、加速すると見込まれる。

　また、2012年のIYCを契機に、各県で農協・生協をはじめとする協

同組合間の連携をすすめる動きが進んでいる。コープいしかわの「のとも〜るスマイルプロジェクト」のように、生協・農協・漁協・地方スーパー・食品メーカー・地元の高校生・自治体という、商売上のライバルや高校生さえも巻き込んだ連携も見られるようになった。

(7) **全国あまねく存在するわれわれの強みを活かす**

　我々の特徴は、全国あまなく存在し、かつそれぞれの農協が総合的に事業を展開してきたことである。それがJAグループの強みである。

　しかし、都市部と農村部の農協間連携および事業間連携には、単協では乗り越えることができない障壁がある。単協でできない問題解決こそが中央会・連合会の役割であるのだから、いまこそ、タブーなく全国連間で課題達成への道を開くことが、全国連の存在意義である。

## 7．ユニーク性と多様性を尊重する協同こそが生き残りの道

　「ユニーク性」と「多様性」がこれからのキーワードと考える。

　そして、単協がユニークであり、全国に多様な農協が存在することこそが、新自由主義がますます跋扈する日本社会で、私たち農業協同組合が協同組合企業体として生き残る策ではないであろうか。

　一樂照雄は言っている。「協同とは外敵を防ぐために何本もの柱を立てて防塞をつくるようなものである。一本一本の柱を立てる。この柱だけでは弱いから、柱を綱でつなぐ。すると一つの柱に力が及んでも、全体で受けるから倒れずに持ちこたえることができる。しかし、外敵を防ぐには柱の一本一本が大地にがっちり立っていることが前提であり、どこかに立てかけているような柱があれば、数珠つなぎに全部が倒れる。協同と自主性の関係はそこにある」と。

　また、反反産運動を指揮した千石興太郎は、「農業者等の経済上の弱者にとりては、経済活動を協同化するよりほかに方法はない。協同によりて初めて農村、農民生活の安定を期することができるのであります」と、現代でも通ずる協同への思いをレコードに残している。

第1章　自らのビジョンを描き、実践するために

## 8．農協間連携、組合員組織の再構築で「あるもの探し」

　農政が進めた構造政策の結果として、地域農業の8割は大規模であるが少数化した2割の担い手農業者が主体となる「2：8」の生産構造になった。しかし、それは全国平均であり、中山間地などでは2割の担い手すら存在しない地域もある。

　だからこそ、少数の担い手と大多数の小規模農家が、それぞれ所得向上ができるよう地域全体で支えるべく、都市部と農村部の農協直売店の連携などによって、地域内外の住民を含めて支えあい、その成果で地域農業が成り立つという仕掛けづくりは有効ではないか。

　さらに、正組合員資格のある准組合員には正組合員となってもらう等、改めて第2世代の地域住民に組合員としての参加を得るには、直売所連携だけでなく、販売・購買・信用・共済などが非農家の組合員からみても総合的に魅力ある事業であること、そして事業利用を通じて支えあう協同体として地域社会の核となることが農業協同組合であるわれわれの「あるもの探し」ではないだろうか。

　なぜならば、政府統計による農業者は日本人口の1.6％にすぎないが、毎日の食にかかわる日本人は100％であるのだから。「毎日の食にかかわる日本人は100％」は、弁当の日に取り組んでこられた西日本新聞の佐藤弘氏から聞いた言葉である。

　これから事業利用の主体となり、総代や非常勤理事となる非農家の第二世代に向けて、また、地域農業の担い手となる第三世代の農業者に向けて、それぞれ「農協とは」からはじめる組合員大学などを開催する。そして農業者・非農業者の課題の同質性と同世代性をふまえて組合員組織を再構築する。これも「あるもの探し」である。

## 9．新農協法が求める2021年4月1日は通過点

　われわれはこれまでも「農業協同組合は、食と農を基軸に地域に根ざした協同組合である」と主張してきた。そして、私たちができるのは「食

と農を機軸に地域に根ざす協同組合」を単協としていかに具体化し、管内で自農協らしい社会的連帯経済を実現することである。

　それが、農業者の世代交代がすすむ中で、新農協法がわれわれに迫る2021年4月1日の関門をくぐり抜け、さらに組合員の世代交代が完了する10年後に地域に根ざした協同組合としてわれわれが存在する姿（ビジョン）につながる、と考えている。

　格差が確実に拡大している現代だからこそ、協同の本家本元である私たち農業協同組合が出来ることは多い。そのためには、まず「あるもの探し」だ。

（参考資料）
P・F・ドラッカー「ネクスト・ソサエティ」ダイヤモンド社
P・F・ドラッカー「非営利組織の経営」ダイヤモンド社
坂上仁志「経営理念の考え方・つくり方」日本実業出版社
経営戦略研究会「経営戦略の基本」日本実業出版社
西井賢悟「JA理念における『協同組合理念』の浸透構造と浸透促進策」
　JC総研　にじ2016年夏号
M・E・ポーター「競争の戦略」ダイヤモンド社
石田正昭・小林元　編著（2016）「JA新流」全国共同出版
スコット・ペイジ「多様性の意見はなぜ正しいのか」日経BP社
NHK「リーダシップ白熱教室」2013年放送
丸山茂樹「社会的連帯経済＋地方政府による世界変革」参加システムNo.108
　2017.1
長谷川隆史「多様な協同の力で農漁業・農山村地域を支える―コープいしかわ　のとも～るスマイルプロジェクト」JC総研　にじ2016spring N0.653
（財）協同組合経営研究所（2009）「深夜に種を播く如く　一樂照雄―協同組合・有機農業運動の思想と実践」農山漁村文化協会
千石興太郎「産青連盟友に告ぐ」レコード（昭和8年4月全国産業組合青年連盟結成大会）http://www.hitodukuri-zenchu.jp/topics/2015/150915_01.html

（農業協同組合経営実務　2017年4・5月号）

# 第2章

# 組合員とともにあゆむ協同組合活動の実践
## ～JA周南・正組合員全戸訪問の意義～

岡村 岳彦
山口県・JA周南企画部企画課

## 1．JA周南の概要

　JA周南は、山口県の東南部に位置し、周南市・下松市・光市（旧大和町除く）の3市にまたがるJAです。管内は平坦で温暖な気候の瀬戸内海を望む沿岸地域で、大規模工業が集積した周南工業地帯と、瀬戸内海国立公園区域にも指定された美しい自然景観を有しています。また、その背後地には、島根県境までの比較的標高の高い（標高300m）内陸中

表2-1　JA周南の概要

|  | （億円） |  | （人） |
|---|---:|---|---:|
| 総　資　産 | 2,053 | 組　合　員　数 | 39,796 |
| 貯　　　金 | 1,889 | 正組合員数 | 10,943 |
| 貸　出　金 | 757 | 准組合員数 | 28,853 |
| 長期共済保有高 | 7,536 |  |  |
| 購買品供給高 | 13 |  | （％） |
| 販売品販売高 | 13 | 単体自己資本比率 | 14.19 |
| 出　資　金 | 23 |  |  |

山間地帯があることから、周南の地形は大変起伏に富んでいます。
　この多様な自然環境を生かした当地域の農業は、典型的な兼業地帯であり、稲作に特化してはいるものの、消費地にも近く交通の便も良いことから、小規模な野菜団地や観光果樹等の産地があり、また、畜産や花卉等の農家も点在しており、山口県下最大級の消費地でもあります。こういった地域特性やリソース配置やマネジメントの違いを解決するために、地域ブロック制を採用しています。

## 2．変革

　JA周南は、1995年8月に11JAが合併し、1999年2月に1JAと合併して、22年目を迎えようとしています。この22年の間で、2001年度と2002年度に広域合併後の先送りしていた問題、課題のつけが一気にふきだし、2年連続で大きな赤字を計上しました。
　その反省を生かし、2002年度に地域事業部制と新事業戦略の導入、2005年度には事業実施体制整備（支所統廃合計画）の制定、2008年度に経営管理委員会制度の導入、2010年度に総合ポイントサービスの実施、2013年度に経営理念の制定などの改革を進めてきました。
　この様な改革を実践していくなかで、役員からのトップダウンと職員からのボトムアップが強化され、近年では特に職員の改革提案に対して寛大な対応をされているのが特徴です。その様な状況のなか、政府が進める「JA改革」の波が押し寄せ、2015年度からJA周南版自己改革の実践を進めてきています。

## 3．事業内容

　JA周南の事業総利益の約9割は、信用・共済事業が占めている都市型JAです。地域的特徴を生かして、農産物生産地帯と農産物消費地帯とエリアを区分したうえで、現在農産物消費地帯に直売所を6店舗展開しています。地域の消費者が、地域の農業者を応援する仕組みで、販売

品販売高の約5割を占めるまでになっています。

　また、水稲については特別買取米を実施し、園芸品目については、2015年11月に園芸部会を立上げ、買取野菜の販売を強化しています。

## 4．政府が進めるJA改革

　農協制度が始まって以来60年振りの大改革をなす改正農協法は、2016年4月に施行されました。特に、第7条で農業所得の増大、高い収益の実現、農業者への還元などを規定し、農協として高い収益性を実現して、農業者の所得増大を実現するように明記しています。

　政府は、「農協は、重大な危機感をもって、農業者の所得向上等に向けた自己改革を実行するよう強く要請する」としており、最重点課題となる「准組合員の事業利用規制のあり方」については、改正農協法施行後5年間（2016年～2020年）の事業利用状況や改革の実施状況の調査を経て、再度検討を加え結論を得ることとなっています。

　いずれにしても、JAグループにとって、JA周南にとって、組合員や役職員にとっても大きな転換点になると考えられます。

## 5．JA周南版自己改革

### (1) JA周南版自己改革の始まり

　2014年6月の規制改革会議で農業協同組合の見直しが提言されてから、JA周南でも規制改革会議の内容や、政府の意見などを踏まえて、准組合員利用制限の試算などを行い、JAとしてのあるべき姿など議論を重ねてきました。

　当時を振り返ると、具体的な議論にはなかなかなりませんでしたが、JA周南は2015年8月に合併20周年を迎える時期でした。また、2016年度からは新たな3か年計画のスタートの年度にもなり、2016年度までが大きなターニングポイントになると考えていました。

　合併20周年や新たな3か年計画を検討する中で、最初に出てきたのが

今までJA周南を支えてくださった組合員のみなさまへ「感謝」を伝える事でした。組織の命題は「継続性」に尽きます。最初に触れましたが、JA周南は、2001年と2002年に2年連続で赤字を計上しています。その後の支所統廃合などのさまざまな改革は、組合員の理解や協力がなければ実現できませんでした。

　この度は、JA改革の波が押し寄せてきています。この荒波は、役職員だけで乗り切ることはできません。組合員がJAを取り巻く環境を理解し、JA運営への協力を今まで以上に得ることができれば、このJA改革の荒波も乗り越えられるのではと考えました。

　だからこそ、今までJA周南を支えてくださった組合員に感謝を伝え、組合員の意見を聴き、組合員の意見を盛り込んだJA周南自己改革プランを作成していくことが重要だと考えました。そこで、JA周南20周年記念を、JA周南役職員はもちろん、今までJA周南を支えてくださった組合員とともに協同組合の原点に立ち返り、JA周南自己改革を組合員とともに実践していくスタートと位置づけました。

(2) **協同組合としての原点回帰**

　JA周南自己改革プランを作成しただけでは、組合員意識やJA周南の組織風土も変わることがむずかしく、JA周南役職員はもちろん、組合員も意識改革をしていかないと、この大改革を乗り越えていくことはできません。まずは職員一人ひとりが行動を起こし、意識が変わって行

図2-1　合併20周年ロゴマーク

けば、組合員も変わってくると考えました。

そこで、全職員で全正組合員世帯に訪問することになりました。

### (3) 協同組合の二面性

訪問前の事前準備として、全役職員と総代で協同組合の基本特性の再確認をしました。

そもそも農業協同組合は、農家のみなさんが力を結集して農業生産力の促進と経済的社会的地位の向上を目的として運営している組織です。その中で、協同組合は「運動体」と「経営体」という二つの性格を持っており、これは協同組合の二面性といわれています。

運動体は組合員の共通の理念を掲げその実現に向けた活動を行うことですが、JA周南の事業で振返って見ると、地産地消運動の取組みや、くらしの活動など、食と農をつなげる取組みなどがあります。一方で、「経営体」は、共通の理念を実現するために組合員の経済的行為を事業として営むことですが、たとえば組合員の生活を支える信用事業や共済事業、農業生産力の促進と経済的社会的地位の向上を実現するために、購買事業や直売所などの販売事業などの事業があります。

したがって、「経営体」の事業を通じて、掲げている「運動体」で理念を実現するところに協同組合の特性があり、この二つの性格がなければ、協同組合の強みが失われるということになります。このような株式会社にはない、協同組合の強みを活かしたJA周南の自己改革を全職員

図2-2　協同組合の基本特性

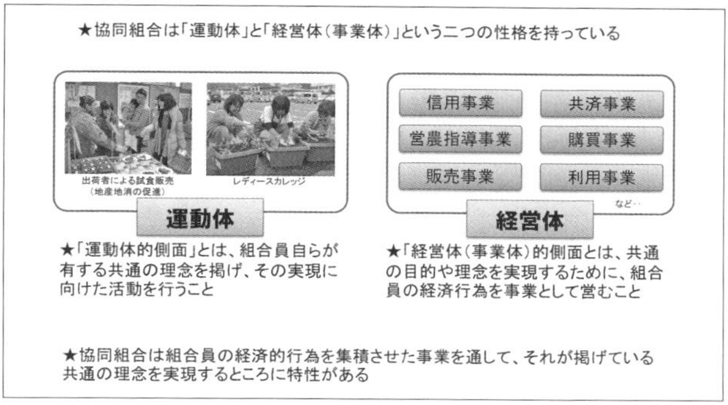

で行っていくことが非常に重要になりますし、今後のJA自己改革の礎になると考えました。

### (4) 正組合員の三位一体性

次に、正組合員の三位一体性と農業協同組合の現代の課題について再確認しました。

正組合員は、「出資者」であり、「事業利用者」であり、「運営参画者」であるという三つの性格を持っています。したがって、出資をされた正組合員は、農協の事業を利用し、農協運営に参加・参画されるところに特徴があります。組合員とJA役職員とが一緒になって農協運営を考えて、実践しなければ、正組合員の三位一体性も失われてくるということになります。

今、農協を取巻く環境は、少子高齢化による市場の縮小で、非常に厳しくなっています。したがって、事業などの経営体の強化を重視して、人員や施設の合理化はもちろんのこと、職員の専門性を高めることが重要な課題となっています。

それはJA周南でも同じことがいえると思いますが、経営の効率化を追い求めるあまり、先ほど触れた「運動体」と「経営体」や正組合員の三位一体性など、協同組合として本来持っている強み、とくに組合員対応がおろそかになってしまう危険性があります。

図2-3　正組合員の三位一体性と農業協同組合の現代の課題

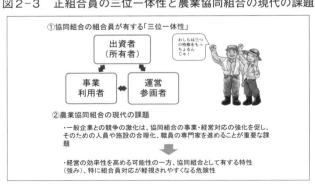

## (5) 協同組合が大切にすべき視点

そこで、今一度、協同組合が大切にすべき視点を再確認してみたいと思います。

一つ目は、組合員のくらしに根ざした活動、二つ目は、協同組合と地域社会との関係、三つ目は組合員同士の関係や職員と組合員とのパートナーシップ、最後に日々の活動を通じた教育（ともに育む）活動です。

JA周南では2004年に地域協同組合宣言をしてから、この四つの視点を地域住民までひろげて、事業運営を行ってきましたが、組合員を巻込んだ対応が課題になっていました。

また、学習・教育の視点は非常に重要で、協同組合の基本特性は、代々組合員から組合員へと引き継がれてきましたが、現在では引き継がれることもなく、協同組合の基本特性は少しずつ失われ、JA運営への協力や理解が得られない状況が増えてきています。

協同組合の理念は、「自然と身につくものではない」といわれており、協同組合教育、特に経営理念の実現に向かった日々の活動を通じた教育活動の展開をしていかないと、協同組合の強みは発揮できなくなる危険性があります。

つまり、最初に触れた「協同組合の二面性」「組合員の三位一体性」を、組合員も職員も少しずつ忘れてきているという事です。

図2-4　協同組合が大切にすべき視点

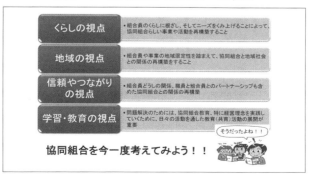

## 6．全職員による全戸訪問

　2015年8月の猛暑のなか、全職員による正組合員世帯全戸訪問がスタートしました。1か月間の訪問対象戸数は9,326戸で、回答をいただいたのは7,809戸、83.73％の回答率でした。訪問して聞きとりを実施するなかで、組合員がJA周南に今後期待することは、経済事業改革であり、やはり地域農業の発展のためにJAは頑張ってほしいとの意見が多くありました。多くの意見のなかで、JA周南への激励のお言葉も多く、JA周南への期待が感じられました。この全職員による正組合員訪問活動を通じて、少しずつ職員に変化が生まれてきたと思います。

　JA周南では、事業総利益の約9割を信用事業・共済事業で占めています。したがって、ほとんどの職員は金融事業に携わっています。年々組合員は高齢化し、組合員との接点が減少していくなかで、組合員の声を多く聞くことで、JAとしての本来の使命や、今から自分がやっていかなければならないことが少しずつ見えてきた訪問活動になったと思います。

　訪問活動後に、職員への「訪問活動についてのアンケート調査」を実施すると、「JA周南の組織基盤であり、取引基盤である正組合員の高齢化や後継者不足などの現状は、今後はさらに右肩下がりになるのでは」との懸念が多く出ました。一方で、正組合員からのJAや役職員への期待も、特に若い職員は、「期待に応えられる職員になっていかなければいけない」との声も多くありました。この全職員による正組合員世帯全戸訪問活動を実施したからこそ、職員一人ひとりに課題が見え、今何をやらなければならないかを感じることができたと考えています。

## 7．第6次中期経営3ヶ年計画（2016～2018）・自己改革工程表

　このように、全職員による正組合員世帯全戸訪問のアンケート調査を踏まえて、本格的に新たな3か年計画・JA周南版自己改革を策定することになりました。

JA周南では、第6次中期経営3か年計画・自己改革工程表の作成に関し、経営管理委員会に提案する前に、常勤役員が構成する常勤役員会で審議され、職員で構成する企画会議（第6次中期経営3か年計画プロジェクト）で骨子を作成する流れになっています。

　最初に、第39回JA山口県大会の基本目標に基づき、テーマごとに役員による三つの分科会を設置しました。分科会の座長は各担当常務が行い、具体的な実行方策・実践事項を定められました。

　大枠の骨子が定められてから、生産部会と女性部に意見を求めました。また、職員の意見も踏まえて、最終的には、正組合員、生産部会・女性部、役職員それぞれの意見を反映して、組合員とともにあゆむJA周南第6次中期経営3か年計画・自己改革工程表（案）が完成していきました。

## 8．JA周南自己改革大会

　JA周南では、2013年に経営理念を制定し、JA周南役職員大会を開催しています。内容としては、第5次中期経営3か年計画（2013～2015）のスタートを役職員で申し合わせを行う大会として開催しました。

　当時、JA周南の経営理念「人と自然に感謝し、夢と感動を創造します」を制定する過程で、自然発生的に「ユメ・カン（夢・感）」という言葉が生まれました。この「ユメ・カン」という言葉は役職員の中に浸透し、「ユメ・カン」を形にしようと、職員の中から業務を通じて感じた夢や感動を募集し、優秀な作品を表彰するユメカンエピソードコンテストが始まりました。

　JA周南の自己改革では、JA周南の関係者が、「JA周南の自己改革」を理解し、ともに実践していくことが必要になります。また、組合員もこの自己改革の申し合わせを実践していかないと、これまでと同じような3か年計画になる可能性があります。JAの存在意義が国から問われているなか、今回の3か年計画は、特に重要な計画だという認識が関係者に必要になります。したがって、従来の役職員の大会とは違い、生産者・女性部も一緒に「JA周南自己改革大会～組合員とともにあゆむ夢・

図2-5 JA周南自己改革大会〜組合員とともにあゆむ夢・感2016

感2016」と銘打ち、改正農協法が施行された2016年4月に開催することになりました。

　JA周南自己改革大会は、生産者・女性部・役職員の788名が参加しました。金子光夫経営管理委員会会長のJA改革についての講演のあと、JA周南の新たな基本方針である「農業者の所得増大・農業生産の拡大」をテーマとして、生産者からは各部会の役員と、JA周南からは2名の営農指導員が壇上に上がり、各部会の活動内容について発表しました。次に「地域の活性化」をテーマとして、女性部の役員が女性部活動について発表しました。

　最後に「組合員・地域住民との関係深化」として、今まで実施していた役職員だけのユメカンエピソードコンテストから、生産者・女性部・役職員まで対象としたユメカンエピソードコンテストを実施すると発表しました。

　この大会を通じて、JA周南自己改革が始まり、生産者・女性部・役職員が一体となって、JA周南自己改革に取り組むことの申し合わせができたと考えています。

## 9. 最後に

　地域経済は、少子高齢化により人口は年々減少し、他業態との競合も年々厳しくなってきています。そこへ、政府が進めるJA改革が始まり、さらには日銀によるマイナス金利政策の導入によりJAの経営に大きな影響があると考えています。

　そのような状況だからこそ、JA周南では、この度のJA改革をチャンスととらえ、組合員とともに、地域住民も一緒になってJA改革を実践していくことが、協同組合としての本来の姿だと考えています。

　正組合員訪問活動を通じて、2017年3月末実績で、3年連続で女性部員増員目標を達成しました。また、総代定数500名の20％以上120名が新たに女性総代に就任しました。今回の活動が、さまざまな活動に影響を与えるようになり、少しずつ参加・参画意識が向上してきたと思います。

　今後も、協同組合の二面性や組合員の三位一体性の原点を考えると、正組合員のみなさんには、事業の利用だけでなく、一緒になってJA事業に参加・参画していただくことが重要です。また、地域農業のよき理解者であり支援者である准組合員も、一緒になって事業活動を行うことが、地域農業の活性化にとって必要不可欠です。

　そのためにも、時代の変化に対応しうる期待される経営をめざし、JA周南の継続性を踏まえた「自己改革」を実践していくには、経営の土台である「人」の育成が必要不可欠であり、職員一人ひとりの意識改革を醸成する、チャレンジする職場風土が重要だと考えています。

（農業協同組合経営実務　2017年7月号）

# 第3章

## JA北ひびきの将来ビジョン
### ～共に創る地域の未来～

大西 裕幸
北海道・JA北ひびき　内部監査室

## 1．はじめに

　私たち、JA北ひびきは、JAグループ北海道の2014年に策定した「改革プラン」に基づいて、北海道農業が持続可能な産業となること、豊かな魅力ある農村を目指して5年間の自己改革に取り組んでいます。

　当組合の2016年度からの第5次農業振興計画・中期経営計画では、力強い農業と豊かで魅力ある農村を目指した「地域の未来」の実現に向けて、JAの組合員・役職員が一丸になって「共に創る」ための計画を策定し、前へ前へ自己改革を進めている状況にあります。

　しかしながら、「自己改革＝JAを立て直す」という意味合い（ニュアンス）ではありません。当組合では、組合員の営農と生活を守り、それを向上させるという使命を誠実に実践してきたという思いがありますので、現状のJAの姿が政府与党から批判されているような間違った方向にあるという認識は持っておりません。

　むしろ現状を是としながらも、さらにステップアップしたJAの姿を思い描き、それに向かってJAが取り組む自己改革の内容と将来ビジョンについて考察させていただきたいと思います。

## 2. JA北ひびきの紹介

### (1) 概要

　JA北ひびきの区域である士別市、和寒町、剣淵町は、北海道北部の中心地に位置し、名寄盆地の一部を占めています。また、道都札幌市へは南に192km、旭川市へは南に53km、最北端の稚内市までは北へ205kmの距離となっています。

　和寒町、剣淵町、士別市にかけては、南北にJR宗谷本線、国道40号線が縦貫し、道央自動車道も士別市まで開通しています。東西には、苫前、羽幌地方の日本海沿岸までの国道239号線と紋別地方のオホーツク沿岸を結ぶ道道が横断しています。

　地形は東西の山地（北見山地・天塩山地）とその丘陵地帯と中央の平坦地の三つに区分され、この中を天塩川及び天塩川支流の剣淵川が流れています。

　気候は、道北の内陸部に位置しているため、盆地特有の内陸性気候であり、夏期における温度は30℃以上と高く、昼夜の温度差も大きい反面、冬期は寒気が厳しくマイナス30℃以下に達することもあり寒暖差は実に60度になります。春と秋は急激な温度変化が見られ雨量は春に少なく秋に多い傾向にあり、冬期の積雪は平年で120cm、多い年でも150cm前後で、事実上の稲作の北限地帯でもあります。

図3-1　JA北ひびきの概要

## (2) 変革

　JA北ひびきは、北海道上川管内北部の1市3町（士別市、和寒町、剣淵町、旧朝日町）にあった南宗谷線5農協が2004年2月に新設合併し、誕生してから今年で14年目を迎えております。

　合併時における正組合員戸数は約2,000戸、耕地面積は23,000haを有する全道有数のJAです。農業基盤は1戸当たりの平均耕作面積が約12haあり、基盤整備事業やパイロット事業等により圃場の整備が進められ、均一な田畑の中で機械化作業が行われ、作業効率の追求や生産コストを低減するため地域営農集団、機械利用組合の組織化が整備されてきました。

　合併当時からみると、正組合員は882名の減少、組合員戸数612戸減少しており、農業基盤は1戸当たりの平均耕作面積約17haと個々の経営面積が増加する中で、農業経営の担い手育成、法人化など次世代農業への積極的な取り組みも行ってきました。

## 3．事業内容

　豊かな自然環境と生産者の愛情と日々の努力である人的条件に裏打ちされた安全で安心な米をはじめ小麦、大豆、小豆、馬鈴薯、てん菜等の畑作物、野菜、酪農、畜産といった農畜産物を生産基盤として、多様な

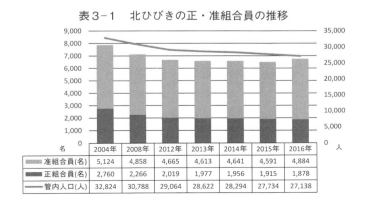

表3-1　北ひびきの正・准組合員の推移

| | 2004年 | 2008年 | 2012年 | 2013年 | 2014年 | 2015年 | 2016年 |
|---|---|---|---|---|---|---|---|
| 准組合員(名) | 5,124 | 4,858 | 4,665 | 4,613 | 4,641 | 4,591 | 4,884 |
| 正組合員(名) | 2,760 | 2,266 | 2,019 | 1,977 | 1,956 | 1,915 | 1,878 |
| 管内人口(人) | 32,824 | 30,788 | 29,064 | 28,622 | 28,294 | 27,734 | 27,138 |

農業を展開しています。昼夜の温度差が大きいことから、南瓜、アスパラガス、スイートコーンなど野菜の糖度が高いことや馬鈴薯の澱粉価（ライマン）が高いなど良質な農畜産物が生産されています。

また、全国一の作付けを誇る南瓜や特徴ある貯蔵・出荷で知られている越冬キャベツ、ポテトチップスの原料になる加工馬鈴薯、大型選別施設を備えた玉ねぎ、食用馬鈴薯、さらに施設野菜の軟白長ねぎ、ミニトマト、花卉などが生産され道内外に出荷しています。

畜産は、酪農経営と肉牛経営が中心であり、その他養豚、馬産、綿羊の飼育経営などが営まれています。

営農指導事業は、JA事業の原点ともいえるもっとも重要な「営農及び技術改善指導」「生活改善事業」「教育情報活動」「組織農政活動」の四つの柱からなります。次世代農業への取組みとして、担い手の確保・育成のため「北ひびき農学校」では、作物ごとの講座、女性農業者向けにトラクター研修会等「農業基礎ゼミナール」を開催し、また、超省力化・大型規模生産支援・高品質生産を実現するためICT（情報通信技術）農業研究会を発足し、同時にJAスマート農業支援資金を新設し、地域農業確立と農業所得増大のために積極的に展開しています。これらの活動費用の一部は正組合員からの賦課金で賄われるほかは、すべてJA総合の収益によって賄われています。

そして、経営基盤の強化として、「営農支援担当者」を設置し、組合

表3-2　JA北ひびきの組織概要（2017年1月末現在）

| ※2004年2月、5JAが合併して設立 |  |  | 組　合　員　数 | 6,362 | 人 |
|---|---|---|---|---|---|
| 出　資　金 | 30.19 | 億円 | （正組合員） | 1,878 | 人 |
| 総　資　産 | 727.75 | 億円 | （准組合員） | 4,484 | 人 |
| 貯　　　金 | 597.85 | 億円 | 役　　員　　数 | 29 | 人 |
| 貸　出　金 | 109.57 | 億円 | （理　事） | 24 | 人 |
| 長期共済保有高 | 1,382.34 | 億円 | （監　事） | 5 | 人 |
| 購買品供給高 | 94.31 | 億円 | 職　員　数 | 327 | 人 |
| 販売品取扱高 | 189.34 | 億円 | 単体自己資本比率 | 19.20 | ％ |

員の営農全般のサポートと営農情報（クミカン情報）の一元化、組合員との密着化・信頼関係の強化を図るため「出向く農協活動」に取り組んでいます。

販売事業は、組合員の生産した農畜産物の集出荷、選別、販売などを担い、組合員がより高い農業所得を確保することを目的として、ＪＡが組合員に代わり一元集荷を行い、共同で多元販売を行っています。

また、消費地の需要や要望を生産者に伝達して、需要に応じた生産を誘導するほか、生産履歴の記帳などにより、安全でかつ安心な農畜産物を供給して、消費地の信頼性確保に努めています。

購買事業は、肥料や農薬などの生産資材の供給、農業機械や車両の供給と修理、灯油や軽油などの燃料油脂の供給が主となる事業ですが、「購買事業」の原点は単に「物を売る」ことではなく、組合員の必要な物資を共同で購入して安定的に供給することにあり、コスト低減や仕入条件の優位性確保の面から「予約購買」「とりまとめ購買」などを積極的に実施しています。

生産施設事業等は、組合員の営農に寄与すべく取り組んでいます。生産者が生産から出荷まですべてを個人完結型で行うのではなく、人手を要する作業や規格品質の統一化や均質化により商品としての付加価値が高まるものについて、ＪＡの共同利用施設を利用して集荷・選別調整を行い販売しています。

また、農作業支援事業では、適期作業の実現、労働力軽減のために受託組織の連携、貸出機械の管理・充実や健康な土づくりによる安定した農業生産の実現に向けて、堆肥製造事業に取り組んでいます。

## 4．ＪＡ「自己改革」について

### (1) 認識と活動

平成26年６月、ＪＡグループ北海道では、その時々の国の農業政策を実践してきたという自負のもと、これまでの事業を再評価し、改めて組合員の多様な意見を聞きながら、協同組合の原点に立ち返って「改革プ

ラン」を策定することを全道農協組合長会議で決定し確認されました。そして、当組合も組合員組織討議、役職員、理事会からの意見等の取りまとめを行い、JA事業計画等へ反映してきました。

　そこで、多種多様な組合員の意見・要望等の意向を踏まえたなかで、自己改革を進めることが大前提であり、組合員組織討議項目（15項目）中、特に要望が強い「組合員の所得向上に直接寄与する項目」を最優先事項として事業計画に反映させることが肝要であるとしました。

　当組合の活動としては、JA職員は組合員宅を訪問し、組合員個々のニーズをしっかり汲み上げ、営農や生活などさまざまな相談事にワンストップ的に対応できる「組合員相談機能」の強化を図りました。JA営農指導員の資格認定者やベテラン職員「営農支援員」を中心に組合員巡回訪問活動によって、地域担い手や新規就農者等との対話により、相互理解や業務改善に向けた取組みを行い、より広義的には人づくりや地域力の発揮に向けたパイプ役の一端となることを目的として巡回訪問活動を行ってきました。

　平成28年からの第5次農業振興計画では、第4次の内容を踏まえて、活動の目的は「組合員満足度の向上」であり、「組合員とJAが地域農業発展のために進もう」という基本姿勢を確立し、「お互いが教える、教えられる、また教える」という三拍子で相互の関係を築き、活動姿勢も「組合員とともに・組合員の立場で」を合言葉に、現在「出向く農協」活動を進めています。

(2) **組合員の反応（対策）**

　改革プランの組合員組織討議項目（15項目）中、収益向上・コスト削減の取組みや担い手の育成・確保、組合員経営サポート、スペシャリストの育成・配置、どれをとってもJA事業を運営するうえでは、最優先の課題であることは、組合員・役職員共に共有して理解されていると思います。

　下表では、巡回活動を通じて、組合員から寄せられた組合員相談機能の評価とJA改革等に対する意見の一部を列挙しました。

第3章　JA北ひびきの将来ビジョン

① 組合員から寄せられた意見・要望（項目を限定し抜粋）

| 地区名 | 項目 | 意見・要望 |
|---|---|---|
| 和寒地区 | 組合員相談機能 | ●組合員のところに行って、話を聞く営農支援員はいいことだと思う。さらに栽培技術等を指導してほしい。<br>若い職員、特に経済事業は、もっと勉強して農家を巡回し指導（栽培技術）すれば良いと思う。 |
| 士別地区 | 組合員相談機能 | ●この巡回業務を、経営の目配せもできる体制として運営できないか。 |
| 士別地区 | JA改革・規制改革(推進)会議 | ●規制改革会議の提言は、農協・地域潰しの偏った意見でしかない。規模の小さな農家や条件不利地の農家を守るためにも、組織として頑張ってほしい。 |
| 上士別地区 | JA改革・規制改革(推進)会議 | ●規制改革会議による農業改革への提言は、実情を無視した内容になっているうえに、自己改革に土足で踏み込み、強制する内容として報じられている。納得がいかない。 |
| 和寒地区 | JA改革・規制改革(推進)会議 | ●農協改革で、クミカンをなくしていくような話が出ているが、経営に余裕のある組合員はいいが、そうでない組合員は、営農資金の調達に苦労すると思うから、クミカン廃止には、時間をかけて取り組んだ方がよい。 |
| 剣淵地区 | JA改革・規制改革(推進)会議 | ●農業改革の提言内容について、今後、どうなるのか。<br>●農協改革でクミカン制度の廃止がいわれているが、クミカン制度があったからわが家の経営が存続している。なくなったら経営ができなくなってしまうので、是が非でも存続させて欲しい。 |
| 朝日地区 | JA改革・規制改革(推進)会議 | ●WGによる農協改革に関する意見でクミカン制度廃止の報道がされているが、必要な制度なので廃止にならないよう要望してほしい。 |

② 正組合員への対応

　直近の自己改革の内容としては、平成28年度、組合として対処し解決すべき需要な課題および対応方針として、「JAと生産者が一体となり生産・販売活動強化による収益の増加、さらに生産資材価格や流通経費等のトータルコスト低減により農業所得の増大と農家経済の安定化につとめます」と事業の適切な運営を図るためJAとして取り組む優先課題を今後1年間の事業方針として策定しました。

　また、平成29年度事業計画の基本方針では「安全・安心な農畜産物の

安定生産と有利販売などによる農業所得の向上につとめる」としています。

表3-3は、JAが組合員に対して、営農と生活を守る観点から対策した負担軽減・還元状況の推移を示したものです。事業推進奨励等の対策で主なものは、肥料・農薬の大口・早取り奨励、農産品の集荷・振興対策です。また、助成金等の対策では、土づくり対策、人間ドック助成等であり、立替・概算払い等の対策では、米・畑作・青果物・酪畜関係の契約金・概算金が主な支出内容です。

なお、主な原資は直接収益で賄われるほかは、総合事業のメリットを活かしたJA全体の収益によっても賄われます。そして、JA自己改革元年の平成26年度より平均50,000千円程度増加し、組合員の農業所得向上に寄与する対策を講じてきました。

### ③ 准組合員への対応と接点

これといって、正組合員・准組合員と区分けして取組みを行っていませんが、准組合員へは広報活動や金利上乗せキャンペーンなど信用事業利用の取組み（員外利用規制）がメインとなっています。

アクティブメンバーシップ（JA・地域との関わり方）への取組みについては、地域貢献の活動として、職員親睦会による地域活動への積極的な参加やボランティア活動としての環境美化運動の実施、農業の理解促進のための食農教育活動（出前授業、学校給食の食材提供）を実施しており、「食」と「農」を伝える活動を積極的に行っています。

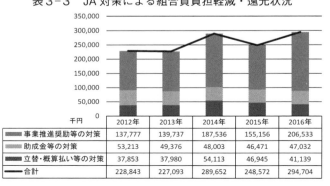

表3-3　JA対策による組合員負担軽減・還元状況

| 千円 | 2012年 | 2013年 | 2014年 | 2015年 | 2016年 |
|---|---|---|---|---|---|
| 事業推進奨励等の対策 | 137,777 | 139,737 | 187,536 | 155,156 | 206,533 |
| 助成金等の対策 | 53,213 | 49,376 | 48,003 | 46,471 | 47,032 |
| 立替・概算払い等の対策 | 37,853 | 37,980 | 54,113 | 46,945 | 41,139 |
| 合計 | 228,843 | 227,093 | 289,652 | 248,572 | 294,704 |

## 5. 将来のJAビジョン

### (1) 地域のすがた

　北ひびき管内農業は、道内でもとくに厳しい自然条件により、制約を受けながらも展開してきました。また、北ひびき地域においては、地元での就業先の減少により労働人口が都市部に流出する現象が起きている。また、残された高齢者たちは、医療機関が少なく、家族と遠く離れ、将来が何となく不安など、生活圏における公共機関やサービスの縮小が引き金となり、データにはあらわれない生活困難等の問題が過疎化を一層助長しています。

　地域の農業は、次頁の表3-4にあるように、定規で引いたような右肩下がりで正組合員戸数も減少し続けています。よって、農地の規模拡大は離農跡地の購入によって進められ、同時に地域の人口減少をもたらし、地域そのものの縮小、さらに消滅を招くことになってきています。

　地域農業の今日的な課題は「労働力の確保」です。

　過疎化の進行による雇用労働力不足という背景のもと、20年前（平成9年より）から中国からの研修生を受け入れています。地域外部から労働力を導入する状況は、野菜産地の持続的発展という面からみれば問題がないとはいえないのです。

　また、高価格による販売が困難な現在、生産コストとともに出荷にか

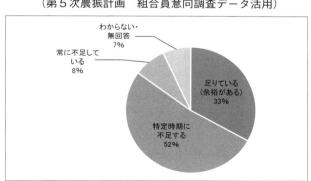

図3-2　労働力の過不足状況
（第5次農振計画　組合員意向調査データ活用）

かる経費をいかに下げていくかも重要な課題です。遠隔地に立地することで、雇用者の移動条件、輸送コストの負担が大きいという絶対的に不利な条件が北ひびきの産地に存在します。低価格競争下にあるため、コスト高の影響はさらに深刻化すると思われます。

当組合としても、集出荷体制の整備や選果・販売対応において先進的な取組みを実施してきたとはいえ、それが価格に反映されない厳しい市場環境にあるのは他の農産物と同様です。

気候的・地理的な条件不利を克服して野菜産地を形成した北ひびき管内の農業にとって、喫緊の課題は「労働力不足」と価格低迷を主な要因とする「生産の縮小傾向」をどう食い止めていくかです。

次頁の表3-5は、北ひびき管内農業の作物ごとの作付面積の推移をあらわしたものですが、過去の農政対策（品目横断的対策から経営所得安定対策へ）や米の生産調整対策（産地づくり交付金）によって、作付面積の増減があり、とくに小麦や大豆、そばなどの省力化作物の面積が増加しており、一方、南瓜やブロッコリー、アスパラガス、その他野菜など手間がかかる高収益作物の面積は著しく減少しています。

また、「北ひびきの正・准組合員の推移」（表3-1）で示した通り、准組合員比率は70％を超えていますが、その理由は自家農業（正組合員）を中止して離農したことや、非農家が事業利用（信用・共済・生活店舗など購買店舗の利用）を契機に加入していることが特徴です。農業地帯

表3-4　正組合員戸数並びに青果物販売額の将来シミュレーション

42

のイメージが強い北海道の准組合員比率の高さは、JA以外の社会インフラが乏しい地域の住民サービスによるものと員外利用規制があるからだといってもいいかもしれませんが、JAはライフラインの本来の意味である命綱の役割を果たしていると思います。

## (2) あるべきJAの社会的役割と価値（理想像）

　平成28年4月1日から改正農協法が施行され、事業運営原則の明確化として「農業所得の増大に最大限の配慮をしなければならない」と「事業から生じた収益をもって、経営の健全性を確保しつつ事業の成長発展を図るための投資又は事業利用分量配当に充てるよう努めなければならない」の規定が追加されました。また、農協法第一条の目的とされているように、過去から一貫して農業者の所得向上に貢献することがJAの存在意義となっています。

　JAは、「総合事業」としての事業運営の仕組みはあるものの、一方で、農畜産物を有利販売し、地域農業として高い収益性の実現は必須といえます。

　また、農業現場の労働力不足が顕著になっています。地方は高齢化に加え若年人口の減少から規模拡大しようにも働き手が確保できない現状にあります。これまでの農業振興計画や産地づくりは、販売金額の増大のためのものでしたが、雇用労働力をいかにして確保していくかを含めた総合的な地域農業の「グランドデザイン」を描くことが重要だと思い

### 表3-5　作物毎作付面積の推移

| 作付面積(ha) | 2009年度 | 2010年度 | 2011年度 | 2012年度 | 2013年度 | 2014年度 | 2015年度 | 2016年度 | 前年度比（七期平均） |
|---|---|---|---|---|---|---|---|---|---|
| 水　　稲 | 5,005 | 4,981 | 4,906 | 4,837 | 4,730 | 4,728 | 4,691 | 4,555 | 98.7% |
| 小　　麦 | 2,597 | 2,637 | 2,798 | 2,754 | 2,986 | 3,082 | 3,071 | 3,149 | 102.3% |
| 大　　豆 | 2,589 | 2,398 | 2,582 | 2,934 | 2,908 | 3,113 | 3,658 | 4,012 | 106.7% |
| 小豆・菜豆 | 1,479 | 1,765 | 1,472 | 1,244 | 1,321 | 967 | 876 | 658 | 90.3% |
| 馬 鈴 薯 | 668 | 615 | 562 | 507 | 506 | 481 | 474 | 445 | 94.5% |
| 飼 料 作 物 | 5,296 | 5,154 | 5,210 | 5,148 | 5,138 | 5,118 | 5,247 | 5,247 | 99.9% |
| て ん 菜 | 810 | 726 | 762 | 783 | 763 | 804 | 917 | 932 | 102.3% |
| そ　　ば | 817 | 888 | 1,388 | 1,511 | 1,428 | 1,308 | 1,165 | 1,233 | 107.8% |
| 南　　瓜 | 1,681 | 1,873 | 1,853 | 1,688 | 1,431 | 1,361 | 1,314 | 1,238 | 96.0% |
| 玉 ね ぎ | 209 | 213 | 214 | 219 | 218 | 204 | 201 | 195 | 99.1% |
| キャベツ | 136 | 142 | 158 | 169 | 163 | 180 | 169 | 152 | 101.9% |
| ブロッコリー | 113 | 110 | 99 | 82 | 70 | 59 | 58 | 49 | 88.9% |
| アスパラ | 72 | 65 | 68 | 69 | 68 | 63 | 55 | 50 | 95.1% |
| その他野菜 | 268 | 193 | 240 | 139 | 129 | 134 | 135 | 109 | 90.4% |
| その他作物 | 1,641 | 1,434 | 1,677 | 1,724 | 1,993 | 2,152 | 1,860 | 1,846 | 102.3% |
| 合　　計 | 23,381 | 23,194 | 23,989 | 23,873 | 23,852 | 23,754 | 23,891 | 23,870 | 100.3% |

ます。

　どの農業振興の計画書も個々の取組みは検討を重ね策定した内容ですが、組合員の法人化など農地の規模拡大を図り大型経営を育成しても、販売や労働力の仕組みがなければ、生産は拡大せず縮小してしまう可能性があります。

　しかし、農業現場の現状は深刻です。農業の未来に対するビジョンが描きにくいなか、JAは、5年後、10年後を見据えた地域の農業の持続・成長をめざすことに特化し、地域農業の未来をリードしていく組織であることがより一層求められています。地域の組合員で組織されているJAだからこそ地域農業の未来を主導することに意義があります。

　JAとして、地域の多様な組合員全てに均一にサービスを提供できることに越したことはありません。ただ、経営資源（人・物・金・情報）が限られているなか、めざす地域農業の姿を定め、それに基づいた優先順位によって農業振興を図ることが実行性の観点でも重要だと思います。

　「食」・「農」・「くらし」を基軸にする地域に根ざした農業協同組合として「持続可能な農業」と「豊かで暮らしやすい地域社会」の実現に貢献するため、JA経営理念とめざすべき方向性について、当組合の基本理念では次の三つを掲げています。

　一つ目には、JAの使命として「地域の経営資源（人・土地・資本）を最大限に活用し、農業並びに農村の安定的発展を目指します。」

　二つ目には、組合員の視点として「組合員とのつながりを基本に置いた事業展開を進め、多様化する要望に的確に応えます。」

　三つ目には、地域の視点として「農業を基軸とした協同活動を通じ、地域の人々と心豊かで健康な地域社会づくりに貢献します。」と設定しています。

　また、当組合のJAビジョンとして以下の五つを掲げています。
　　①地域農業…………未来へ続く農業・農村の発展
　　②組合員・利用者…組合員の営農をトータルサポート
　　③地域社会…………農業を通じた地域活性化
　　④JA組織…………創造的で時代に即したJA運営

⑤ JA経営財務……信頼されるJA経営

　ここで、JA北ひびきのあるべき姿（ビジョン）を考えてみます。それは、「農家正組合員に支持される協同組合」であり、「未来へ続く農業」「農村の発展」ではないでしょうか。

　このビジョンの実現のために、私たちは食・農、地域・くらし、協同・組織といった分野において精力的に取り組んできました。これらの取組みはJAの経営理念、JA綱領にもうたわれています。JAは「農業協同組合」であることから、農業の維持・発展及び農家所得の増大が大命題であることに変わりはありません。

　現状的（経営理念に沿った形での対応方針の明確化）にも理論的（持続可能な農業）にも大切なもので、これからも未来イメージとして論じる価値があると思ったので、めざすべき主張をしたいと思います。

　次に、JA北ひびきは、「共に創る地域の未来」への貢献を柱として、存在する姿を「5年先・10年先のあるべき姿」として提唱していきます。

## (3) ビジョン達成のための中長期計画（戦略）

　農業所得増大と新たな准組合員（アクティブ・メンバーシップ）の関係性の構築について整理し、中長期的な基本戦略を掲げたいと思います。

　准組合員の「農」に基づくメンバーシップの強化については、農業振興の場面では正組合員が「農業振興の主人公」、准組合員が「農業振興の応援団」と位置づけられます。また、地域振興（くらしの向上）の場面では正組合員も准組合員も「地域振興の主人公」と位置づけられます。

　地域によって、農業振興と地域振興のウエイトは違いますが、地域農業の応援団としての准組合員を整理すると、「元農家」と「非農家」に役割が分けられます。

　『准組合員で「元農家」は土地持ち非農家が果たす役割（未来へ続く農業）』

　『准組合員で「非農家」は農業や食と農について「知ってもらう」取組み』が大切になります。

　また、JAの目的には、農業振興と地域振興に加えて、食と農の視点が加わります。そのため、准組合員は「地域の食と農を支える農業への応援団」と「自らも地域の食の確立をめざす主人公」の二面を併せ持つ

わけです。この両面へのさらなる対応が求められます。

　当組合は純農村地帯のJAであって、准組合員のJAの事業におけるウエイトはそう大きなものではありませんが、ローン利用等を契機に准組合員が相当数増加しています。せっかく事業を利用し、出資もしてもらった准組合員を組織の基盤として大切にしたいという願いもあります。

　准組合員を組織の基盤として活かしていくには、数を増やすだけでなく（裾野を広げる意味で、もちろん数を増やすことも重要）、准組合員が一部の事業利用以外の場面でもJAを必要とするといった関係をつくっていくことが重要ではないでしょうか。

　農業と准組合員を結び付けるためには、准組合員を農業振興や農業所得増大の応援者として位置づけ、准組合員自身にも理解してもらう方策を実施していきたいと考えています。できれば、准組合員からなぜ利用規制するのかといった意見が出てほしいです。

　JAにおける組合員の良好な関係構築や好循環な仕組みとして、都府県では直売所を拠点に准組合員・地域住民とのつながりを重点的に行っていますが、当組合としては、直売所では少量多品目の市場外流通の産地化を目指す一方、多量少品目の市場流通の産地化も同時に確立しようとしています。とくに、多様な産地化を進めることで、消費者が望む多様な農畜産物を提供でき、地域農業の多様な准組合員・地域住民が活躍でき、地域の農業振興・地域の活性化が実現されます。

　JA事業として、作業受託など支援を正組合員に行っていますが、農業に興味を持つ准組合員が、農作業を手伝うことやさまざまな形で農作業に関わることも可能です。そういった取組みで、准組合員は正組合員、そして地域農業を応援することができます。

　図3-2の「農業所得増大のメンバーシップ」の体系図で示した通り、三位一体（正組合員・准組合員・JA）の取組み＝「共に創る地域の未来」として、准組合員は消費者として農産物の地産地消、手間替え精神としての労働力提供を行い、また、青果物の選果や収穫などの農作業を行い、正組合員が「作った農畜産物」を准組合員は「品質・産地を保証（太鼓判を押す）」するといった地域農業に積極的に関わることが、正組合員

第3章　JA北ひびきの将来ビジョン

の農業所得の増大寄与にプラスの効果をもたらすと考えます。

　今や、「情報の共有化」では足りず、「気持ちの共有化」が図られない限り未来の発展はなされないのではないでしょうか。

　正・准組合員が手を取り、お互いに助け合う事業活動は、協同組合の本来の姿であり、JAへの積極的な参加を通じて、「地域愛・地元愛」の心を育てることが、JA組織としての第一歩と思います。

　今後、農業は広く地域の人びとに支えてもらう必要があります。今までは宝の持ち腐れであったかもしれない准組合員制度は、活かし方によっては地域の農業振興に向けた大きなパワーになると思います。

　さらにいいますと、JAの強さは組合員力にあると思います。JAの理念を理解して准組合員になれば正組合員は力強い応援者や支援者を得ることになり、正・准組合員の役割を明確にして、「主人公としての意識」、「応援団としての意識」を持てるようにし、その力を存分に発揮していくことで「持続可能な農業」が確立できると確信しています。

図3-2　《農業所得増大のメンバーシップ　体系図》

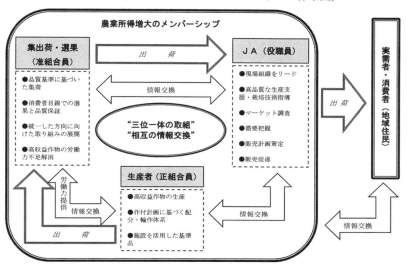

## 6. おわりに

　最後に改めてJAの将来ビジョンの定義と新たな関係性の構築について整理し、この小論を結びます。

　私も農業新聞を読んでいますが、「自己改革」の字を見ない日はないぐらい全国JAが奮起していますし、本稿においても、その原点を共有することこそ重要視されています。

　どんな経済情勢下であってもJA事業が継続・発展するためには、「組合員のJA」という本来の存在目的を改めて認識する必要があります。

　また、JA改革においてJAに対してどのような議論があっても、これまで日本農業を支えてきたJAの活動が否定されるものではありません。今後も日本農業を維持・発展させていくためには、JAが環境変化に対応し、存続していくことが不可欠なのです。

　准組合員は、JAの経営に共感して出資している地域農業の応援団です。その応援団を増やして何が悪いのか。応援団の役に立つ金融・共済事業に力を入れて、その利益を営農・販売事業に分配することの何が悪いのか。准組合員が増えることは、地域農業の応援団が増えることを意味し、その応援団はJAの事業を利用することで、間接的に地域の農業振興に寄与することができます。准組合員制度は、継続的に地域住民と農業・JAを結ぶための最適な仕組みであり、むしろ国が積極的に推奨すべき制度だと考えます。

　また、改革の目的を農業所得の増大とするなら、それは正組合員の農業所得増大を意味していると思います。重点志向を明確にするためには同時に農業への魅力度回復も重要です。原点回帰はJA自身の挑戦です。さらには、地域振興という点では行政との共同体制を築くことも重要だと思います。これまでも地産地消を合言葉に学校給食や地元の商工業者にも働きかけてきています。准組合員の制限などとネガティブな方法ではなく、より積極的な取組みが求められます。

　JAの特性である人的連帯の確立と営農と生活を守るための総合事業の優位性をいかに発揮し、併せて地域の高齢化・過疎化の進行による地

域経済の規模縮小により、JA の地域におけるライフラインの役割として、地域住民のニーズにあった生活全般にわたる事業展開を進めることも重要になってきています。

　そのため、信用・共済・経済の各事業の目標設定を、従来のように JA の経営的視点からのみで各担当部門が縦割り的に決めたとしても、今後は立ち行かなくなることが考えられます。つまり、組合員の営農サイクルやライフイベントに沿うといった、いわゆる組合員・地域住民ニーズに立った目標設定なり運営戦略の立案が求められることになります。

　これからも、JA における経営理念やビジョンを踏まえながら、地域性を考慮した取組みを積極的に行い、ひたすらあるべき姿を追いかけ、描き続けることが、きっとこれからの JA にとっての『コア・コンピタンス（競合他社に真似できない核）』となるのではないでしょうか。

　今後も、農業所得の増大・農業生産の拡大という「未知数な大命題」を前提として、今までの取組みから、もう一歩踏み込んだ活動をどのように展開していくかがカギになってくるのではないかと思います。

　全国 JA に携わる多くのみなさんと一緒に悩み、励ましあいながら、力を合わせてわれわれの声を発信していきましょう。

（農業協同組合経営実務　2017年8月号）

# 第4章

# 組合員とともにあゆむ協同組合活動の実践
## ～東日本大震災を教訓とした自己改革への挑戦～

澁谷 奉弘
宮城県・JA 仙台 組合長付協同会社設立準備室 室長

 **1．JA 仙台の概要**

　JA 仙台は、宮城県の中央部に位置し、100万人の人口を抱える仙台市を中心に、多賀城市・塩釜市・利府町・七ヶ浜町・松島町という3市3町を事業エリアとしている広域農協で、2018年3月に合併20周年を迎えることになります。

　地理的には、太平洋に面した沿岸部から、山形県境の中山間地域まで

図4-1　JA 仙台の概要（平成29年3月31日現在）

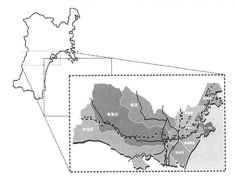

| ◎組合員数 | 33,642人 |
|---|---|
| うち正組合員 | 12,397人 |
| うち准組合員 | 21,245人 |
| ◎職員数 | 585人 |
| うち正職員 | 69人 |
| うち有期契約・嘱託職員 | 516人 |
| ◎事業量 | |
| 貯金残高 | 2,890億93百万円 |
| 貸出金残高 | 985億45百万円 |
| 長期共済保有高 | 8,851億85百万円 |
| 購買品取扱高 | 39億66百万円 |
| 販売品取扱高 | 40億99百万円 |

宮城県を東西に横断し、戦国武将の中でも人気がある伊達政宗が築城した仙台（青葉）城址や、日本三景松島、秋保温泉などが有名で、多くの外国人も観光に訪れる地域となっております。また、5年に1度の和牛オリンピックである「第11回全国和牛能力共進会宮城大会」が、2017年9月7日～11日までの5日間、JA仙台管内の夢メッセみやぎ、仙台食肉市場にて開催されました。

　組合員数は、正組合員12,397人、准組合員21,245人であり、東日本大震災後の平成24年度に正組合員数と准組合員数が逆転し、年々、その差が拡大傾向にあります。

　事業取扱高は図4-1の通りとなっており、管内の農業は、「ひとめぼれ」「ササニシキ」といった代表的な品種のほか、2017年は期待の品種「だて正夢（まさゆめ）」がデビューするなど、全国で有数の稲作が盛んな地域になっています。

　また、転作による大豆の生産も北海道に次ぐ全国で2位の作付面積になっており、当管内の多くが転作大豆の生産を行っています。

　その他にも100万人の人口をかかえる仙台市をターゲットとした近郊農業として、伝統野菜である「仙台曲がりねぎ」等の野菜や、梨、りん

図4-2　JA仙台の安全・安心おいしい農産物

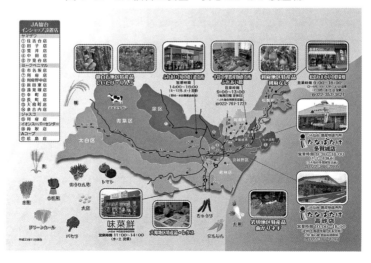

第4章　組合員とともにあゆむ協同組合活動の実践

ご等の果樹の生産が行われ、直売所を通じて地元の消費者へ新鮮な農産物を提供しています（図4-2）。

とくに直販事業では、東日本大震災後、復興のシンボルとしてオープンした農産物直売所「たなばたけ」を中心に、新鮮な地場産農産物を提供するほか、地元大豆を使用した加工品（仙大豆）、野菜を使ったスイーツなども提供し、組合員をはじめ、地域のみなさまに喜んでいただける新商品の開発、ブランド化に挑戦しています。

2016年3月には、野菜スイーツ専門店「メゾン・ド・ガトー TANABATA」をJR仙台駅の新たな商業施設「エスパル仙台東館」にオープンし、仙台を訪れる多くのみなさまに仙台産野菜の新たな魅力と可能性を発信しています。

また、宮城米をPRするため、温泉街で有名な秋保地区の米生産者と秋保のホテル・旅館が協力し、秋保の環境保全米「清流育ち秋保米」を宿泊するお客様に提供する『秋保環境保全米プロジェクト』に加え、観光地松島産の環境保全米を町内の旅館・ホテル、飲食店で提供しようと「松島発！環境保全米プロジェクト」や、仙台駅で「仙台人が仙台のお米と水で造る地酒」をコンセプトに、徹底して仙台にこだわった地酒「仙臺驛政宗（せんだいえきまさむね）」に取り組んでいます。

さらに仙台市と協力して、「ここでとれた野菜をここで食べてもらいたい、仙台産野菜のおいしさを広く子どもたちに知ってもらおう」と、『まるっと仙台産農産物の日』と題して、仙台市内の小中学校へ仙台産の農産物をふんだんに使った学校給食を生徒約8万人に提供しているほか、多賀城市、利府町、七ヶ浜町、松島町の学校給食へも地場農産物を提供しております。

## 2．東日本大震災からの復旧・復興

平成23年3月11日に発生した東日本大震災により、多数の尊い人命が失われ、かつ、地域の農業は甚大な被害を受けました。（図4-3）

震災直後から現在に至るまで、全国のJAグループの支援物資や義援

金を始め、人的支援、ボランティア活動などさまざまなご支援をいただき、深く感謝申し上げます。

　震災当時、津波で被災した多くの組合員は、生産手段である農業機械や施設を失い、「もう農業はできない。これからの生活をどうしたらよいかわからない」などの声が多く、当組合では、震災以前の日常を取り戻すため、復興交付金によるリース事業やキリンビール「復興応援キリン絆プロジェクト」等を活用して、主要農業機械やパイプハウス、ライスセンター等の施設を整備したほか、JAグループ独自の生産資材提供の支援も実施しました。

　これにより、震災で営農意欲を失いかけていた被災農家の大きな心の支えになったのはたいへんうれしいことでありました。

　2017年、震災から6年が経過し、管内の塩害を受けた農地を中心に「大規模ほ場整備事業」が進められ、工事が完了した50a～1ha区画のほ場では、新たに設立した農業生産法人等を中心に大型農業機械による省力化と低コスト農業を実践しています。

　震災当初は復旧・復興への取組みが遅れるケースもありましたが、そのような場合には農協が行政、農業団体、農業者との連携を図りつつ、その間の調整機能を果たし、組合員への訪問や、支店に相談窓口を設置するなど、何度も意見を重ねて、組合員の要望等の把握に努めた役割は大きいと思っています。

図4-3　津波被害の状況（JA仙台管内）

| 市町村名 | 水田面積(ha) | 被害面積(ha) |
|---|---|---|
| 仙台市 | 5,545 | 1,645 |
| 多賀城市 | 360 | 63 |
| 塩竈市 | 39 | 5 |
| 松島町 | 849 | 139 |
| 七ヶ浜町 | 116 | 115 |
| 利府町 | 328 | 0 |
| 合計 | 7,237 | 1,967 |

⇒JA仙台全体では、約27%の水田が被害を受けた（平成22年度ベースで約6.6億円の損失）

（国土地理院：平成23年3月28現在）

図4-4　震災記録誌『5年間の軌跡』

JA 仙台では、震災による被害状況やそれにともなう活動内容や体験・教訓を決して風化させることなく後世へと伝え、次の災害に備えることができればと震災記録誌『5年間の軌跡　JA 仙台復旧・復興の足跡』(図表4-4)を作成し、組合員、全国から支援をいただいた関係者等へ配布いたしました。

## 3．「第6次中期経営計画・第4次農業振興計画」策定プロジェクト

　2015年に第27回 JA 全国大会が開催され、「創造的自己改革への挑戦」として、「農業者の所得増大」、「農業生産の拡大」、「地域の活性化」に全力を尽くすことが決議されました。それを受け JA 仙台では、2015年度に「第6次中期経営計画・第4次農業振興計画策定プロジェクト」を設置し、JA 仙台の自己改革を策定することにしました。

　当時、私も管理部経営管理課に所属し、プロジェクトの事務局として取りまとめを行ってきました。これまでの計画策定方法は、地域の特性に応じ、それぞれの JA が重点実施事項等を協議してきましたが、今回のように大会決議を受けて、基本目標や最重点分野が決まっているなかで計画を策定することに対する疑問や不満が多かったのも事実です。

　そのようななか、プロジェクトチームをAチーム、Bチームの2つに分け、Aチームは「農業者の所得増大」と「農業生産の拡大」について、20代から30代の若手職員を中心に協議を重ね、担当課長等の管理職との合同会議を実施し、具体的な実施項目を検討しました。

　Bチームは「地域の活性化」について、20支店を中心にどのような地域貢献ができるかを中心に協議を行いました。その中で、既存の活動に加え、一つ新たなくらしの活動に各支店が取り組む「プラスワン活動」や、准組合員の意思反映・運営参画のために支店運営委員会へ登用することを必須条件としました。

　さらに今回のプロジェクトでは、やるべき内容について「見える化」するために、計画を策定するにあたり、メンバーが、重点実施事項、具体的実施事項、行動計画の実践の内容について、「なにを」「だれが」「い

つ」「どこまで」「どのように」取り組むのか、具体的な重要業績評価指数（KPI）とスケジュール等を盛り込んだ工程表の検討を行いました。

　また、現場の声を反映させるため、支店等で開催される組合員大会や、実行組合長会議を通じた組合員、担い手農業者となる青年部員、女性代表として女性部員のほか、支店、営農センター等の職員と多くの方から意見・要望をいただきました。

　プロジェクトの事務局としてもっとも苦労した点は、これまでの計画と違い、すべての項目について評価指数による数字で目標値を設定することでした。たとえば「農業所得の増大をはかる」ためには、所得の増大目標はどのようにして算出するか、結果はどのようにして調べるのかなど、多くの疑問が投げかけられました。そのようなときは、中央会やマスターコース卒業生のネットワークを活用して、教えていただくことも多々ありました。

　最終的には、Aチーム、Bチームで合計22回のプロジェクト会議を実施し、多くの方に携わっていただきながら「第6次中期経営計画・第4次農業振興計画」（図4-5）を策定することができました。

　現在、進捗管理を行っている中で、確かに数字で表すことがむずかしい項目もありましたが、これまで曖昧であった評価が明確に表示される

図4-5　第6次中期経営計画・第4次農業振興計画

第4章　組合員とともにあゆむ協同組合活動の実践

## 4．自己改革の実践

　政府は2014年6月から5年間を農協改革集中推進期間と定め、農協改革の確実な実践と成果を求めてきています。このことにより全国のJAは残り約2年で成果を示さなければならず、自己改革の評価次第では、准組合員の利用規制や信用事業が今後どのようになるか大きな不安要素となっています。

　そのような中、多くのJAは、今までも農業振興や、地域住民への貢献等、さまざまな素晴しい活動を行ってきていますが、情報発信が弱かったのではないかと思っています。

　そこで、JA仙台では、広報誌に毎月、自己改革の特集記事（図4-6）を掲載することで組合員にお知らせし、地域住民に対しては新聞や地元テレビ、ラジオ局等のマスメディア等を通じ、情報発信の強化を行っています。

　今回紹介するのは一例ですが、2017年度に営農・経済部門の体制を一新し、新たな機構のもと、「JA仙台自己改革」に取り組んでいますので紹介します。

図4-6　自己改革特集記事

(1) 営農・経済指導体制の変更

「農業者の所得増大」を確実に実現するため、営農事業の改革を第一に進め、戦略作物の作付誘導や有利販売を後押しできる体制に変更しました。

これら全体を「JA仙台総合営農センター」として位置づけて、地域農業の基盤強化と担い手経営体や新たな担い手のニーズに応える個別対応の強化を一体化して取り組むこととしています。

**【仙台曲りねぎの作付け拡大に向けた苗生産と農機無償レンタル化】**

近年、仙台産ブランドが認知されている「仙台曲りねぎ」は、年間を通じて消費されることが多くなりました。その一方、冬場に甘味が増す特性から、鍋料理への需要が年々増加し、供給量が足りない状況となっています。また、ねぎは他の作物に比べ多くの手間暇がかかり、1年に1度の収穫しかできないため、思うようには作付拡大が図れない状況もありました。

そこでJA仙台では、2016年度より「新規で取り組みたい、作付けを拡大したい」との要望に応えるため、JA仙台所有の育苗センターを活用し、2haの生産面積の拡大に向け、職員が播種作業を行い、約30万本の苗生産及び供給を行いました。さらに定植以降の作業負担の軽減を図るため、JA仙台独自で簡易移植機と管理機を導入し、生産者へ無償レンタルを実施することで、農業生産の拡大と農業所得の増大を図りました。

結果として、販売金額が2015年度の48,559千円から2016年度は49,129千円と、販売金額を増加することができました。

**【生産資材の弾力価格対策と低コスト生産技術の確立】**

東日本大震災後、管内の沿岸部を中心に農業の形態が大きく変化しました。ほ場は以前の10a～30a区画から50a～1haの大区画となり、津波による農業機械の流出等もあって、個人経営から法人経営へ転換が図られました。

そのような状況に対応するため、JA仙台では、大型商品規格を新たに導入した予約注文書を作成し、地区担当営農指導員や、2016年度から

第4章　組合員とともにあゆむ協同組合活動の実践

新たに配置した、組織や法人の巡回訪問を強化するための営農経済渉外担当者が、法人や組織等へ訪問（2016年度実績は618件）して、商品特性や各種助成金・リース事業を活用した農業機械等に関する情報提供や各種手続きを支援し、農業資材にかかる初期投資がわずかでも少なくなるような提案を行っています。

さらに、規制改革推進会議等から農業資材の引き下げが求められているなか、「大口予約価格対策」を設定し、最大で6％の割引を実施しています。そのほか、環境保全米を推進するための肥料の早取り値引き価格（一袋につき70円）の対応や、法人、組織等への奨励措置も実施するなど、実質的な資材の引下げを行っています。

また、低コスト化生産技術を確立するため、JA仙台では専門スタッフによる土壌診断を行い、結果に応じた施肥設計を提案しています。ちなみに2016年度の目標値200件としていましたが543件の実績となり、生産者からは感謝の言葉をいただくとともに低コスト農業に向けた取組みができたと思います。

また、東日本大震災による津波の影響で地力が低下した農地に対しては、農林中央金庫助成を活用し、土づくり・土壌改良に必要な資材の購入代金に対しての支援（266件、助成金額20百万円）も実施し、いまだ目には見えない影響に対し、少しでも以前の状態に戻せるよう被災地の継続した復興活動をJA仙台役職員が一丸となって今後も継続して取り組

図4-7　中山間地域における農地の流動化アンケート
　　　　（委託先がない場合の対応）

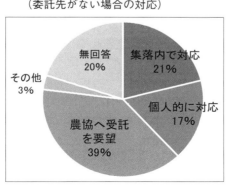

59

んでまいります。

## (2) JA主導型による農業法人設立

　中山間地における耕作放棄地をどうするか、高齢化にともなう地域農業をどうするかが大きな課題となっていることから、中山間地域の2支店でアンケート調査を実施し、図表4-7の通り、「農地の委託先がない場合はJAに委託したい」との回答が39%ともっとも多い結果となりました。

　この結果を踏まえてJA仙台では、これからの地域農業を維持・発展させることを目的（図4-8）に、JA主導型出資法人を2018年11月に設立することとしています。

### 【JA出資法人への支援】

　JA仙台では、地域農業の核となる農業生産法人に対し、地域農業の構成員とともに手を携えて地域農業の振興と地域資源の維持拡大をはかるため、「JA仙台の出資による農業法人支援方針」を設定して、JA出資による農業生産法人（図4-9）の支援を実践しております。

　そのJA出資法人の支援対策として、東日本大震災からの復旧・復興の過程で新たに設立した管内の農業法人を対象に、農林中央金庫の復興応援プログラムの助成を活用した「組織力向上プログラム」を実施しています。その内容は、法人の代表やメンバーを対象とし、自ら学び経営ノ

図4-8　JA主導型農業法人の位置づけ

集落営農の法人化が困難な生産組合について当法人が受け皿となり、
集落営農のネットワーク組織として位置づけていく。

①農家の高齢化対策（担い手の確保）
②地域農業の維持・農地の保全
③集団的土地利用の確立による農家の収入確保
④低コスト生産体制の確立

地域の農地をできる限り、地域の地権者などに農作業の従事をしてもらい、
地域の手で地域農業・農地をまもる。

第4章　組合員とともにあゆむ協同組合活動の実践

ウハウを身につけることで、組織の発展と経営安定化を図ることが目的であり、今後も法人の経理、労務管理などの実務支援と、運営方針の作成等の支援を実施していくことになっています。

また、一組織一品目のグローバルギャップ（Global GAP：国際標準の適正農業規範）の取得を目指し、JA出資法人の一つである東日本大震災後に設立した農事組合法人　井土生産組合は、「ねぎ」の品目で認証に挑戦し、2017年2月に認証資格を取得することができました。さらにJA仙台の職員にもグローバルギャップ指導者となるため研修を積ませ、15名が習得しております。

今後、2020年の東京オリンピック・パラリンピックに向けて、地元のブランドとして注目を浴びている「仙台井土ねぎ」は品評会で宮城県知事賞を受賞し、海外にもアピールするために、組織のメンバーからは「思いを一つに、周囲のみなさんに助けていただきながら、頑張っていきます」と力強い言葉もいただいており、JA仙台として今後も継続した支援体制を行ってまいります。

(3)　**農作業支援グループ「JA仙台農作業支援隊」の設立**

管内の中山間部を中心に、これまで地域農業を支えてきた農家の高齢化によるリタイヤが始まっており、耕作放棄地の増加で荒れた農地が多く見られるようになってきました。

また、前出のアンケート調査（図4-7）の通り、「農地の委託先がない場合はJAに委託したい」との回答が39％もあることから、地元でも引き受け手がない農地が今後多く発生することが予想されています。

このような現状を踏まえ、今後、中山間地を中心とした農地の維持を図るためには、農家の農作業支援に取り組み、あわせて将来に向けて地

図4-9　年度別　JA仙台出資先農業法人

|  | 2013年 | 2014年 | 2015年 | 2016年 | 計 |
| --- | --- | --- | --- | --- | --- |
| 出資先数 | 1 | 1 | 7 | 2 | 11 |
| JA仙台出資総額(千円) | 450 | 600 | 5,350 | 1,650 | 8,050 |
| JA仙台出資割合(平均) | 23.1% | 23.1% | 21.0% | 22.8% | 21.7% |

※2016年度末現在、11法人、出資総額8,050千円、出資割合21.7%(平均)

域農業の新たな担い手の確保・育成をはかる必要があります。
　そのようなことから、JA仙台では平成29年度より「JA仙台農作業支援隊」を新たに設置し、以下の支援内容を目的に活動しております。
　①　**高齢者農家の作業支援**
　高齢者農家の労働力不足に対応し、営農活動の現状維持を行うことで農業生産の減少を食い止めることを目的とする。
　②　**緊急性を要する営農困難者に対する営農継続支援**
　突発的傷病による担い手不在世帯などに対し支援し、営農の継続を目的とする。
　③　**担い手農家の所得向上に向けた支援**
　担い手農家の規模拡大・生産出荷数量の増大を目的とし、農業所得の向上を目的とする。
　現在、スタッフは5名で、主に畦畔の草刈作業や電気柵、ワイヤーメッシュ等有害鳥獣対策物の設置等の作業を実施しており、農家の方からは「一生懸命作業をしていただき、本当に感謝しています。今後も地域農業の継続のために頑張ってもらいたい」との温かいお言葉もいただいています。今後も、さらに作業委託申込や問い合わせが多くなると思いますが、安心してご利用いただけるような対応を行います。
　この取組みにあたり、姉妹JAであるJAおちいまばり営農支援グループ「心耕隊」の先進事例を多く参考にさせていただきました。当時、私たちの視察に対応していただきました関係者のみなさまに、この機会を通じて、あらためて感謝申し上げます。
(4)　**協同会社の設立**
　組合員、利用者ニーズの多様化が進むなかで、既存の体制では、営業日・営業時間、労務管理等で、他業態に比べ多くの課題が存在することから、経済事業・直販事業及び宅地等供給事業の体制を見直し、経営の効率化と組合員、地域住民のみなさまにより良いサービスを提供するため、2018年4月1日より協同会社による運営を目指し、現在、協同会社設立準備室を設置して検討を重ねています。

第4章　組合員とともにあゆむ協同組合活動の実践

## (5)「くらし」への貢献による地域活性化

　地域に根ざしたJAとなるため、地域の清掃活動や農業ふれあい体験会、豆腐づくり講習会等食農教育活動のほか各種イベントを開催し、支店を拠点としたくらしの活動に取り組みました。

　たとえば、不審者からこどもたちや女性、高齢者を守ろうと、管内23か所のATMコーナーに「こども110番」を設置しています。

　また、営農相談車を中心に「こども110番の車」を運用し、こどもにもわかりやすいようにテッカーで表示し、より一層地域を見守る目を強くしています。

　さらに、2017年9月には、宮城県と県内14JAが「高齢者地域見守りに関する協定」を締結し、各支店のFA担当者等が訪問活動のなかで、「ポストに郵便物がたまっていないか」、「同じ言動を何度も繰り返していないか」など、高齢者の言動を確認し、認知症の兆候があった場合には各市町村に連絡することとしています。

　一部の支店では、地域の一人暮らしのお年寄り世帯を中心に、防犯ブザーを配布することで防犯意識を高めています。

　宮城県の村井知事からは「県内では4人に1人が高齢者、JAの職員のみなさまによる地域のネットワークを生かせるのは心強い」とのお言葉をいただき、あらためてJA組織の地域に対する活動が求められていると強く感じることができました。

　このように各支店では「プラスワン活動」として、一般企業にはできない多くの地域への貢献活動を行っていますが、まだまだ広く認識されていないのではないかと思っています。これからJAの素晴らしさをどのようにしてご理解いただけるかが大きな課題であり、対策として、現在JA仙台で支店、営農センター単位で地域の出来事やJAの活動を紹介している「かわら版」や新聞やテレビ取材等のマスコミを活用した広報の強化をこれまで以上に行っていきます。

　　※　くらしの活動による地域活性化活動は、一部、JA共済連が支援する「JA共済　地域活性化活動促進特別支援」を活用させていただきました。

## 5．将来のJAビジョン

　JAの果たす最大の役割は、「安心・安全」な農産物を生産できる農業者の支援を行い、国民の皆様に食を通じて安定した暮らしを提供することだと思っています。

　とくに非常時の時に果たすJAの役割は大きく、昨年の熊本大地震や台風等の大規模な自然災害が発生し、直後に全国からJAグループのボランティアの人々が集結し、多くの現場で活躍している姿が報告されています。このような活動こそ、まさに協同組合の精神がもたらすものではないでしょうか。

　私自身、東日本大震災後、すぐに食糧が不足し、スーパーの長蛇の列に並び、手にすることができたのはお菓子だけでした。その後しばらくの間、ごはんを食べることができず、久しぶりに食べたおにぎりの味は今でも鮮明に覚えています。この時から、何気ない日常の生活を過ごせることが一番の幸せであり、毎日、おいしいごはんをいただけることに感謝しています。

　現在、TPPがアメリカの離脱により宙に浮いた状態となっていますが、トランプ大統領は農産物について、日米FTA交渉でさらなる市場開放を要求してくる可能性があります。経済評論家のなかには、「農業はGDPで産業全体の0.8％程度であり、他の産業を犠牲にしてはならない」といっている方もいますが、われわれJAグループは、過去の経験から食糧の大切さを世に伝え、何としても日本の農業を守り、国民の食糧を確保していかなければなりません。

　JA仙台では、第6次中期経営計画のキャッチフレーズを「地域とともにJA仙台〜食と農で素敵な笑顔に〜」とし、食と農を通じて組合員や地域住民の「喜びの笑顔、うれいしい笑顔、おいしい笑顔、ありがとうの笑顔」をひとりでも多く創り上げるJA仙台であり続けることをめざしています。

　具体的な取組みとして、農事組合法人"せんだいあらはま"は、震災後、「荒浜プロジェクト」を立ち上げ、産官学連携のもと、被災地であ

第 4 章　組合員とともにあゆむ協同組合活動の実践

る荒浜地区のコミュニティーを再生し、震災前の農業に戻すのではなく、5年、10年先を見据えた農業に転換して、将来も、次世代がここでしてみたいと思える農業を実現していこうという活動を行ってきました。

活動の一つとして、荒浜小学校の児童への農業体験スクールを実施し、自ら収穫した農産物を直売所で販売したところ、児童は大きな声と満面の笑顔で、お客様である地域のみなさまとコミュニケーションをはかり、購入していただく事を通じて、農業の素晴らしさを体験できたのではないかと思っています。

また、「あすファーム松島」は、農業を通じた障がい者雇用の推進と地域社会の発展をめざし設立され、農福連携事業による癒しと安らぎを提供する就労の形として、新しい営農モデルとして展開しています。

この取組みは地域住民の方からも温かい声をいただいており、地域の食料提供として大きな存在価値があると考えています。これは単に農産物を生産するだけでなく、障がいをもった方でも立派に野菜等を生産することで大きな励みとなる付加価値を持っています。このようなことから農業は新たな魅力がまだまだあると考えています。

図 4-10　21世紀水田農業チャレンジプラン

JA仙台は「JAの将来ビジョン」として、今後の農業のあるべき姿を検討し、「21世紀水田農業チャレンジプラン」を策定しました。
　この「21世紀水田農業チャレンジプラン」（図表4-10）とは、地域を一つの農場と見立てた「テナントビル型農場制農業」を掲げ、大規模ほ場や自給的農家向けの田畑、加工施設や直売所などの施設をバランス良く配置し、集落営農組織、法人経営体、認定農業者などの中核的な担い手だけでなく、兼業農家や自給的農家も含めて、地域の農業者や地域住民がそれぞれの事情に合わせて農業に携わっていく「全員参加型農場制農業」をめざした構想であります。
　国はわが国の食と農林漁業の再生のための基本方針・行動計画の中で、徹底的な話し合いを通じた合意形成により実質的な規模拡大を図り、平地で20〜30ha、中山間地域で10〜20haの規模の経営体が大宗を占める構造をめざすとしています。
　また、仙台市は「農と食のフロンティア」として、農地の集約・高度利用や法人化などの農業経営の見直し、大学や研究機関、民間資本等との協力による市場競争力のある作物への転換や6次産業化の促進などの取組みを支援するとしています。
　このようにJA仙台は、魅力的な農業を将来のこどもたちへ安心、安全で新鮮な農産物を提供することが最も重要な使命だと思っています。
　最後になりますが、現在の世の中が「利益追求型社会」となり、競争を第一主義とする急速的な官邸主導型の農協改革が行われています。
　協同組合は人間の本性である助けあいの組織であり、全国で頻繁に発生している自然災害においても、JAグループや関係機関から多くのご支援をいただき、またはボランティアとして被災地に入り、瓦礫の処理、堆積土砂のかき出し、家の中の清掃などさまざまな活動により、被災地がいち早く復旧できたと思います。
　まだまだ日本国民のみなさまは、日本の農業やJAについてマスコミ等の報道で多くの人が誤解している部分があると思います。
　その誤解を解くためにも、また農業とJAへの理解を深めてもらうため、自己改革で掲げた「食と農を基軸として地域に根ざした協同組合」の目

第 4 章　組合員とともにあゆむ協同組合活動の実践

標実現を「見える化」でしっかりと示し、JA の意義と役割と取組みを組合員はもちろん国民のみなさまに広く知っていただくよう努力していかなければならないと思っています。

　そして JA のビジョンをしっかり掲げ、政府等に主張すべきところはきっちりと主張し、我々ひとりひとりが意識改革を行い、一致団結してこの難局を乗り越えるようがんばりましょう。

（農業協同組合経営実務　2017 年 9 月号）

# 第5章

# 次世代経営戦略としての「経営品質」
~高品質の組合員価値を生み出す戦略策定を目指して~

角田 茂樹
(つのだ しげき)
神奈川県・JA横浜 人事部人事教育課 次長

## 1. 都市型JAの行き着く先はどこか

　人口373万人を有する大都市横浜は港町としてのイメージが強いが、農業の振興と保全に力を注いでいる都市農業の街であり、その農地面積は神奈川県内で最大規模を誇る。

　しかし、当JAは、典型的な都市型JAの信用依存型事業構造を成しており、経営を支える収支の内側では"農業協同組合"というよりも"地域金融機関"としての性格が強い。

　都市型JAでは、都市部の環境に即した都市型JAの経営戦略というものが必要になる。そして、この戦略の中心には、持続的な収益を確保するために銀行や保険会社などと激しく競合することになる信用・共済事業を置かざるを得ない。しかし、JAは一般企業とは異なり、利益を上げるためだけに事業活動を行っているわけではなく、JAという組織体の経営を維持するための財務基盤の強化と、農業振興や農業所得の向上といった構成員たる農家組合員の生活を守るという二面性を備えており、「農業と緑を守る」という大きな使命を持っている。

　都市農業を守り、金融機関や保険会社等との熾烈な競争に打ち勝ち、

将来へ向けた安定経営は維持できるのであろうか。

　私は、この疑問に対する突破口は「経営品質」の向上にあると考えている。現在、多くのJAが「JA改革が必要」といいながらも従来の考え方が払拭できず、改革が思うように進まない実態があるのではないだろうか。改革を着実に進めていくためには、自JAの経営の現状を正しく評価・認識し、改革の必要性に気づくこと、その上でJA自身が自発的に改革に取り組むことが必要であり、これこそが経営品質の狙いとするところである。

## 2．JA横浜に求められる経営品質とは

　組合員・利用者の満足度を高め、限りない信頼を勝ち得てこそJAは生き続けられるはずである。そのためには、JAが長期にわたって組合員・利用者の求める価値を創出し、市場での競争力を維持することが求められる。この価値の創出こそが、JA横浜における経営品質である。

　JAにおける経営品質とは、ともすれば目標達成や実績偏重となる現在のマネジメントを転換し、経営品質の向上を経営目標の中心に据えることである。組合員・利用者の財産を守るために安定経営を継続する上で、信用・共済事業を通じて安定的に収益を確保することが重要であることは間違いない。一方では、高い収益を確保することだけが、JAの安定経営や永続的成長を保障するものではない。大切なのは、組合員・利用者の望むものが何かを敏感に察知し、それに応えるためにJA横浜の強みを余すところなく活かす仕組みであり、戦略である。

## 3．JA横浜がとるべき戦略の位置づけ

　JA横浜がとるべき戦略を、「ポーターの3つの基本戦略」により、分析してみたい。
(1)　**コスト・リーダーシップ戦略**
　当JAの信用事業に焦点をあてた場合、横浜市という大都市圏に存在

## 第5章 次世代経営戦略としての「経営品質」

することから、管内にはあらゆる金融機関が乱立し、熾烈な競争下に置かれている。したがって、大企業であるメガバンク等を常に相手にしている当JAが管内でコスト・リーダーシップをとることは困難である。特に現在は、当JAの富裕層組合員をターゲットにしたメガバンクや大手地銀からの攻勢が激しく、事業資金を中心とした貸出金において激しい低金利競争を繰り広げている状況にあり、課題が多いからだ。

### (2) 差別化戦略

前述のとおり、当JAが継続するうえでコスト・リーダーシップ戦略をとるのは困難であるが、過去に歩んできた道や組合員との密接な関係、地域に根づいた組織運営などのJAならではの武器がある。それは、渉外担当者を中心とした訪問活動を軸に、対面推進・サービスを軸とした差別化戦略が有効であると考えられる。メガバンク等と対等な戦いを挑んでも多大なコスト競争により収益が圧迫されることは目に見えており、他の金融機関にないJA独自の渉外活動や地縁組織を通じたきめ細かなサービス、アフターフォローを行うことに活路を見いだすとともに、差別化戦略（付加価値戦略）に特化する必要があると考える。

図5-1　ポーターの3つの基本戦略におけるJA横浜の位置づけ

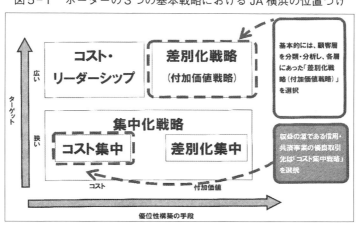

## (3) 集中化戦略

　当JAにおける収益の中心部に存在するのは、富裕層である地元正組合員である。経営上では、この富裕層の市場を占有することが最も効果的かつ効率的である。その視点から見れば、当JAのような都市型JAの正組合員は地域の富裕層の集団である。当JAでは、各支店優良貸出先内の20先だけで信用収益全体の3分の1を生み出していることからも、収益の柱であることは間違いない。逆にいえば、この優良貸出先さえ押さえれば、収益の3分の1はコントロールできる高効率な体制ともいえることに着目すべきである。つまり、対象となる顧客が少人数であることを利用したコスト集中による戦略が可能である。

　具体的には、渉外担当者や支店管理者等の人的つながりを重視し、人（職員）の力できめ細かく対応し、他の業務よりも優先度合いを高め、信頼を獲得するサービスを展開することで、他金融機関への流出を防御する富裕層対策としての「コスト集中戦略」の展開が考えられる。

　以上のことから、ポーターの三つの基本戦略において、JA横浜がとるべき戦略の位置づけは「差別化戦略」を中心に据えるものとし、富裕層の組合員に対して、集中化戦略のうちコストを集中させた「コスト集中戦略」をとるべきであると考える（図5-1）。

## 4．経営品質の向上を「見える化」する

　経営品質の向上を図るための戦略をたて具体策を実行した場合、その成果や達成度合いを見て評価・判断し、経営品質を向上させるための新たな課題や問題点を見つけ出し計画する必要がある。

　仮に実績が上がり収益が上がれば、経営品質の向上につながったと安易に考えることもできるかもしれない。しかし、JAにおける経営品質とは、実績や収益だけで向上したと断言できるものではない。貯金や共済など計数計画にはない組合員・利用者の望むものを目に見えるようにして、さらにそれが前よりも改善されたことがわかって、初めて経営品質が向上したといえる。

それでは、どう「見える」ように測定するのかが問題となるが、これは施策の結果や達成度合いをできる限り数値化することで判定ができると考える。もちろん、数値だけでは表現できない効果や結果というものも多くあり、この測定方法だけで判断することは正しくない。しかし、このような方法を用いることによって、目標や実績に直接かかわらないJA横浜の各種活動も見やすく評価しやすくなり、経営品質の向上が図れるはずである。

　これまで全国のJAの総代会資料等を拝読する機会が多くあったが、その中で、各JAが取り組むべき施策の内容等を掲げた事業計画の文章編について共通して感じたことがある。それは、抽象的な文言や表現が多く、取り組むべき内容や目標がボンヤリとした印象しか残らないということである。

　例を挙げると以下のような文章である。
① 　安全・安心で信頼される農畜産物づくりの推進および担い手の確保と支援育成対策に取り組みます。
② 　管内全域を網羅した集出荷・配送体制を強化し、安定的かつ迅速な集配に取り組みます。
③ 　青壮年部による諸活動の充実と部員の加入促進に向けた支援に取り組みます。

以上のように、「安全」「安心」「信頼」「強化」「充実」などの単語が散見され、具体的なめざすべき姿というものが見えない文章が多い。

　上記のような理念的・抽象的な計画文言については、各部署の状況や課題を反映して、より個別的・具体的な取組みなどに記載し直す必要がある。しかし、計画段階において個別的・具体的な取組みの意義や必要性を明確に方向づけることにはむずかしいことから、抽象的な表現が多くなってしまうのだと思う。

　このままでは有効な経営品質の向上は図れない。ついては、前述のような単語の使用は必要最低限に抑え、抽象的な文章は必ず数字に翻訳することが必要であると考える。

　上記②のような場合「安定的で迅速な集配」を目標とするのであれば、

「どうすれば安定的で迅速な集配が可能となるのか」「そのためには、今何を行うべきか」を具体的に考え、計画に落とし込む必要がある。さらに、求められる「安定的で迅速な集配」を1から10のスケールで評価し、達成目標をできる限り数字で表現する必要があると考える。

「経営品質」では、決められたフォーマットを埋めることは計画ではないと定義している。計画づくりにも品質があり、具体的に何をどうするのか、その計画の達成度合いを測る指標はどうなのかという視点が必要である。考え得るすべての要素を検討し、数値化して「見える」ようにすることで、目的を確実に実行できる道筋が計画できる。

## 5．経営品質に込められた力

　経営品質向上活動は経営のマネジメントシステムである。
　1995年には日本生産性本部により日本経営品質賞が創設されている。選考基準はどの組織にも共通する価値創造に必要な要素（プロセスと結果）に基づいて組織を評価する枠組みを示している。日本経営品質賞は、企業や組織が追求すべき理想の姿を考え、それを実現するためにめざすべき目標となり得るものであるが、私はJA横浜に日本経営品質賞の受賞を推奨しているわけではない。日本経営品質賞の中で提唱されている考え方や活動の枠組みの中からJAの経営活動に役に立つものを選び出し、自己診断のツールとしてJA横浜の課題解決に応用しようと考えている。
　この経営品質の考え方は、JA横浜の将来戦略を考えるうえで、私にさまざまな示唆を与えてくれた。私の中では「次世代戦略としての経営品質」という言葉がしっくりなじむ。JAを担う次世代の思いを、未来を切り開くエネルギーに変える力、そのような力が経営品質には込められているのではないだろうか。経営品質に込められたその力によって、JA経営が安定するだけでなく、役職員と組合員がより密接に結び合い、協同の力によるより強固な絆が構築されるはずである。

第5章　次世代経営戦略としての「経営品質」

〈参考資料〉
・JA横浜経営戦略研究会資料
〈参考書籍〉
・2013年度版日本経営品質賞アセスメント基準書　日本経営品質賞委員会　著
・経営品質入門　岡本正耿　著
・日本経営品質賞とは何か　社会経済生産性本部　編
・福井発の挑戦　日本生協連合会支援本部
・経営学の基本　経営開発能力センター　編
・農協の経営問題と改革方向　青柳斉　著
・CSV経営　赤池学・水上武彦　著
・金融店舗の未来戦略　丹波哲夫　著
・農業協同組合経営実務　2013年5月号

※　本稿は『月間JA』（2014年10月号）掲載の「平成25年度JA経営マスターコース優秀論文紹介」を再掲したものです。JA全中広報部のご厚意に感謝申し上げます。

（農業協同組合経営実務　2017年10月号）

# 第6章

# 都市型JAにおける直売所を起点とした改革

志村 孝光
東京都・JA東京みなみ 常務理事

## 1. JA東京みなみの概要

　JA東京みなみは、東京都南西部に位置し、日野市・多摩市・稲城市の3市を事業地域としている。(図6-1) 都心部に近い地域であることから、1960年代高度経済成長期より宅地化が急速に進んだ地域にある都市型JAといえる。

　人口約423千人、約198千世帯を数える管内は、多くの地域で人口減少・少子高齢化が懸念されるなか、管内人口は増加しており、消費地としての市場ポテンシャルは高い地域となっている。

　一方で、相続や土地区画整理事業等により農地面積は総面積の約4.72％、314ha（田28ha 畑286ha）まで減少するなかにあって、野菜類・果実等（梨、ブドウ、ブルーベリー、イチゴなど）を主として推計農業産出額18.8億円をあげている（約9割が果実・野菜）。(図6-2)

　そのようななか、後述する学校給食への地元産農畜産物の提供や援農ボランティア制度の構築、食農教育等、新たな都市農業の活路にも先駆けて取り組んできた。

　加えて、都市化という環境変化は、正組合員＝農業者といった従来の

姿から、正組合員の多くが、マンション・アパート・駐車場といった不動産活用を行う「資産家」へと変化していった地域でもある。

管内の農家戸数は635戸、その内主業農家戸数は104戸と全農家戸数の17％程度と少なく、自給的農家・副業的農家戸数が7割弱を占める状況からも都市化の進行がわかる。（図6-3）

## JA東京みなみの概要

図6-1　3市の位置

表6-1　組合員数・事業主

（2017年3月末現在）

| ◎組合員数 | 8,747人 |
|---|---|
| うち正組合員 | 1,998人 |
| うち准組合員 | 6,749人 |
| ◎事業量 | |
| 購買品取扱高 | 1億9,905万円 |
| 販売品取扱高 | 5億9,656万円 |
| 利用加工事業取扱高 | 3億5,350万円 |
| 貯金残高 | 1,643億円 |
| 貸出金残高 | 458億円 |
| 長期共済保有高 | 3,149億7,143万円 |

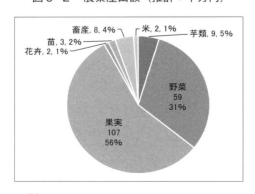

図6-2　農業産出額（推計：千万円）

図6-3　形態別農家戸数
（総農家戸数635戸）

## 2. 自己改革について

### (1) 組合員が求めるJAと自己改革
#### ①組合員ニーズの変化への対応

　今、いわれなき「改革」を迫られるなか、掲げる「自己改革」では、組合員・地域にとって「JAが必要か」を問われている。換言すると、「競合先・選択肢が数多くある都市地域にあって、JAは変化する組合員や地域のニーズにどう応えていくか」ということであり、こうしたJAの本質的命題に向き合い、将来に向けて存続可能なJAへと変わる大きな「チャンス」と捉えている。

　その実現のためには、組合員・地域のニーズの把握、環境変化を見通したうえで、将来到達したいと考える姿「ビジョン」を明確に描き、それを実現するための事業戦略と事業戦略を実践するための事業戦術を一気通貫に立て、それを実践する力が必要となる。

　図3・4は、JAの事業満足度と今後のJA運営への希望を正組合員・准組合員別に取りまとめたものである。満足している事業では、「共済」「貯金」が多いほか、「申告相談」も多く挙げられている。今後のJAの運営に希望することでは、「JAのさらなる健全経営」の次に「資産管理・相続対策の強化」が挙がっており、相談ニーズの高さがうかがえる。

　また、准組合員では「直売所の活性化」が41％と最も高く、「貯金・融資のキャンペーン」が39％と多く期待されていることがわかる（2015年9月「組合員意向調査」より）。

　こうした組合員ニーズに対応するために、これまでJA東京みなみでは「自己改革」を進めてきた。

　「健全経営」では、2005年から2年をかけて支店統廃合にいち早く取り組み、当時8店舗あった支店を4店舗に統廃合し経営の合理化を図った。また、「資産管理・相続対策の強化」では、税務申告支援事業や宅地建物取引士資格取得者の奨励等、相談業務を担う「資産管理」部門の強化に取り組み、「相談〜土地活用〜事業伸長」といった事業スキームは、今日でも収益事業の柱である貯金・融資・共済の各事業の伸長に大きく

図6-3　JA事業満足度（正組合員）

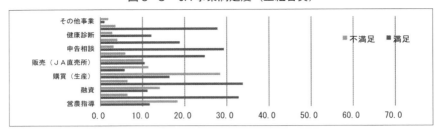

図6-4　JA事業満足度（准組合員）

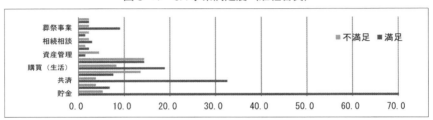

図6-5　今後のJAの運営について希望することは（正組合員回答）

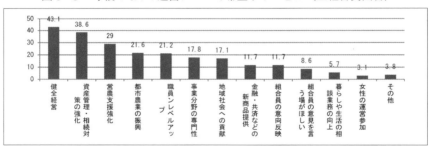

図6-6　今後、JAにどのようなことを期待しますか（准組合員回答）

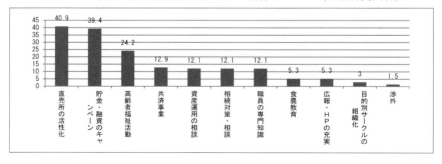

貢献している。現在、記帳代行事業や遺言信託事業等、相談業務の幅を広げ組合員ニーズに対応している（遺言信託事業での遺言作成件数は全国JA中最上位の件数実績）。

准組合員について見ると、組合員限定の金利優遇商品の販売等、金融事業利用を目的に、毎年500名以上の新規准組合員が増加する一方で「金融商品のキャンペーン」への期待と同じ割合の准組合員が「直売所の活性化」に期待していることから、金融機関としての期待に限らず農業協同組合としての期待の高さがわかる。

## 3．都市型JAにおける直売所を起点とした改革

前述のように農地面積の減少、正組合員の変化など地域の農業が縮小する厳しい環境下にあって、JA東京みなみは、大型農産物直売所の新設を「自己改革」の中心に置き、2017年10月30日のオープンに向け準備を進めてきた。

当直売所は、国道に隣接した約1,000坪の用地にあり、売場面積約450㎡、店内に精肉店・惣菜店・レストラン（全てテナント）が展開する。

約80台程度の駐車が可能な立体駐車場と建物2階には金融店舗、3階には大小会議室と調理実習室を設備した複合施設となっている。

また、農産物直売所・金融店舗機能とは別に、大規模災害発生時の一時避難場所や食料供給拠点、後述する学校給食食材の供給集荷拠点、さらには地域の方々のコミュニケーションの場としての機能も併せ持っている。

(1) JAのストロングポイントと競争戦略

経営戦略策定の手法としてSWOT分析があるが、当計画を進めるうえで「弱みをどのように克服するか」「脅威にどのように対処するか」ではなく、「どうしたら強味をさらに強くできるか」といういわゆる、ストロングポイントのさらなる強化が最短距離での最大の成果を得ることができ、さらに、潤沢な市場環境・競合先が多くある環境下では、ストロングポイントを最大限活用したニッチによる差別化戦略が重要と考

えている。

### ①市場・環境

当直売所の最大のストロングポイントは、大消費地を抱える立地にある。国道（甲州街道／国道20号線）に隣接した当該地は、自動車のアクセスも良く、約26,400台／日の交通量があり、半径15分圏内（自動車）には、65万人、307千世帯の消費者を抱え、近隣2km以内には、スーパーマーケット5店舗、鮮魚専門店1店舗がある。

市場ポテンシャルが高い反面、前述のとおり農地面積の減少により、農産物の生産量には限りがあり、かつ販路も分散している現状から、新しい直売所へ販路を集中する戦略が重要となっている（後述の買取・集荷・学校給食食材の集荷配送拠点による）。

### ②商品品質・価格

競合が多くある環境下で、地元野菜の商品品質は大きなストロングポイントであり、差別化戦略のもっとも重要な要素と考えている。

商品の品質に価格設定を加えるという、JA東京みなみの新直売所の目指すポジショニングが図6-7となる。

商品の品質については、競合他社との差別化・競争力はあるものの、消費者への訴求力は見た目だけではわからない。そこで、販売員による「試食」を売り方の中心に置くことを販売戦略としている。

価格設定については、近隣スーパーより少し高い設定としている。

図6-7　目指すポジショニングマップ

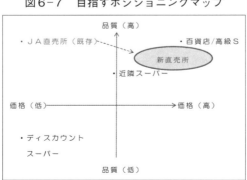

また「値踏みは経営そのもの」といわれるように、価格設定は消費者を選ぶこと（顧客のターゲティング）につながる重要な経営戦略となるが、当直売所では、あえて新鮮で安心な高付加価値を価格に乗せ、顧客を選ぶ戦略を計画している。

　これら商品の品質と価格設定について、これまでのセオリーとは異なる戦略をとるのには、二つの大きな理由がある。

　a. 品質の維持（ブランド化）による顧客の創造

　　品質の劣化は、消費者の信用を失い、消費者の減少と売り上げの減少を招き、さらなる品質の低下を招くといった「負のスパイラル」に陥ることとなる。品質を維持しさらに品質を向上させブランドを確立することで、新鮮・安心の付加価値に価値観を感じられる顧客層をメインターゲットにすることができる。

　　そして、それを実現するための販売手法が試食販売であり、消費者に向けた提案販売を徹底して実践することとなる。

　b. 都市農業の存続を可能にする農業者所得の増大

　　地場産農畜産物は、これまで「新鮮・安心・安い」といったことを競争優位としてきたが、現実には固定資産税等の税負担の増加など、都市農業は高コストにより行われている。都市農業が存続するためには、生産コストに合った「適正価格」での販売が必須であり、その実現が都市農業存続のポイントとなる。

　　換言すると、都市部の農業経営によって生活ができるようにするためには、農業が産業として成り立つ収益が必要と考えている。

　　もちろん、平行して、生産コストを下げるために生産資材価格の低減にも、JAは取り組んでいかなければならない。

(2) **買取・集荷・学校給食用食材の集荷拠点**

　新直売所では、買取・集荷・学校給食の三つの特色をもっている。

　図6-8・6-9には野菜出荷者への聞き取り調査による出荷先と条件を表している。

　これまで生産者・JAは「販路の開拓」に注力し販路拡大・有利販売は長年事業計画に盛り込まれ、JA外部に販路を求めてきた。その結果、

地元農産物の販売先が複数化・拡散化していることがわかる。

中でもスーパー等のインショップへは、年間4,700万円、年25％程度の出荷がされており、その販売方式は委託売切り方式が主な条件となっている。併せて、インショップの手数料率を見ると既存JA直売所の手数料を上回っている。この結果から、出荷先の選択が複数ある場合でも、手数料率の大小だけで出荷先を選択するのではなく、値段を下げてでも「売り切り」をしてくれる「手間のかからない」といった条件も重要な要素になっていることがわかる。

これら生産者へのアンケート調査の結果を踏まえ、分散した販路を、JAの新直売所へ集約することと、高品質の農畜産物を適正価格で販売して農家所得の向上に貢献するための戦略が「三つの特色」と考えている。

①買　取

JA東京みなみでは、現在、当直売所以外に小規模な農産物直売所を6か所設置し、合計で年間8,300万円程の販売高をあげている。そのすべての直売所では委託販売方式をとっている（販売手数料は一律売上の10％）。新たな直売所では、出荷される農産物のほぼ全量を買取ることを約束している。

具体的には品目別に規格表を作成、その規格（数量・形状等）にあったものについて設定した基準価格で買い取る。設定される買取価格（基準価格）は市場価格・近隣スーパー価格等を1週間毎に設定し出荷者へ通知する仕組みとなっている（買取価格は概ねスーパー価格の9割程度の

図6-8　野菜類出荷先別（平成27年度聞き取り先のみ）

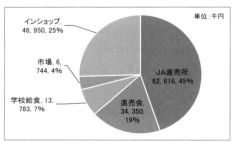

図6-9　出荷先別手数料率

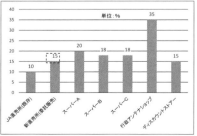

設定を基本とする予定)。また、規格外品(B級品)については基準価格の50％で買い取ること、さらに、同じ品目でもこだわりのある生産者が基準価格を下回らないことを条件に、委託販売による価格設定を許容する。

出荷希望者との準備会等を行なうなかで「規格」と「規格外品」の調整について多くの時間を要した。

先述のとおり、商品品質・品質の維持については競争戦略上必須条件となることから、運営するJAとしてもレベルを下げることはできない反面、生産者側からは、生産過程で一定量出る「B級品＝規格外品」について、消費者ニーズがあるのだから販売すべきとの意見と、自信を持っていい商品を適正価格で売りたいとする生産者とで意見が分かれた。

現在、規格の統一に向け、荷姿等の研修会を開催している。

なお、「ほぼすべてを買取」としたが、出荷時期の集中するキュウリやナス等の出荷に関しては、出荷制限を行なうことおよび規格外品の買取制限も10袋以内と制限を設けることにしている。

規格品の半額で買い取った規格外品の利用について疑問を持たれるかもしれないが、主にテナント先となる惣菜店・レストラン店への提供や学校給食への利用や近隣の飲食店からの買取希望等もあり、供給先としての販路を確保している。

②荷

当直売所はJA東京みなみ管内全地区の出荷者を予定しているが、直接当直売所へ出荷することができない出荷者には、拠点集荷(支店)の仕組みを構築している。

生産者の高齢化や後継者不足から、直売所へ直接出荷できる生産者だけを予定することはできない。そこで、拠点(支店)に小型保冷庫を備え、出荷者の農産物をJAの集荷スタッフが車両で集めて回るシステムとなっている。集荷は朝の開店前と夕方の2回を予定している。

なお、委託販売品の手数料は直売所への持ち込みによる場合(15％)と集荷の場合(16％)の差を1％と少なく設定して、集荷の利用を促している。

### ③学校給食用食材の集荷拠点

　当該地のある日野市は、全国自治体の中でも、先駆けて「農業振興基本条例」をつくる等、地域農業振興に力を注いでおり、市内の小中学校で提供される給食食材の内25％以上を地場産の農畜産物とするよう目標を立て、さまざまな補助制度や契約栽培システムも設けて、その実現に注力している。

　こうした学校給食への取組みの歴史は長く、すでに仕組みが確立している。図6-10は、学校給食における地元野菜の供給システム（現行）である。

　これまで各生産者個々人が近隣の学校へ食材を届ける仕組みや拠点配送の仕組みを構築し実践してきたものの、生産者の高齢化や当日指定時間内の納品など生産者への負担や課題も多い。

　なお、直売所では、主に買取販売方式としているので、地元農畜産物を各学校からの注文に応じて配送・販売することになり、学校給食食材提供についてはより効率的対応が可能となる。（図6-11）

### (3) JA間連携と物流の課題

　当直売所の売上構成の計画は図6-12の通りです。

　集客力のある立地で品質にこだわった農畜産物の販売を行なうことを計画しているが、売り場を地元産農産物のみで全部埋めることは不可能である。そこで、直売所としては、地元産の農畜産物50％以上、全国JAの厳選した農畜産物や加工品等を販売することとした。

　2016年10月にリニューアルオープンした経済店舗での販売に際して、仕入品の販売を試行しているが、地元産農産物が真っ先に売れるものの、「JA〇〇のレタス」「JA〇〇のリンゴ」等とポップでの表示方法を変えるだけで、納得して購入される消費者が多くいる。

　何より、販路を探す生産圏JAと大消費地にもかかわらず売るものがない都市部のJAの相反するニーズを満たすことができれば、競合他社に真似のできない新たなビジネスモデルが構築されることになるが、その実現には、「物流」という克服しなければならない課題がある。

第6章 都市型JAにおける直売所を起点とした改革

図6-10 学校給食における地場産野菜の供給システム（現行）

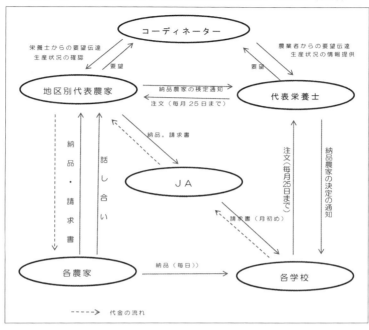

図6-11 直売所の販売方式

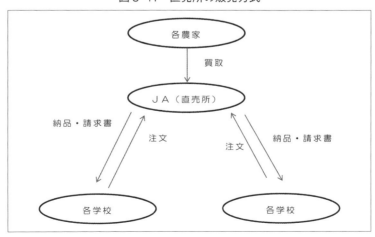

①物流環境

多くのJA間連携で、商品の物流は宅急便等による場合が多い。この場合、温度・湿度などの管理をしていない環境下では、出荷時に良い品質でも納品時に悪くなってしまうことが懸念される。

コンディションが良い状態で直売所の店頭に並べるには、市場の仲買業者から仕入品として仕入れるか、ハイコストの輸送方法（クール便等）での対応が必要となり、結果として価格に反映せざるをえないのが現実となっている。

②直売所ネットワーク

物流コストの課題は、スケールメリットによる解決が必須である。そのためには、広く散在する大小直売所を大型店舗へ集約することを想定した事業戦略が必要と考えている。

今回、新直売所開設にともなって、複数のJAと直接取引を予定しているが、その多くは、東京の太田市場までは常時物流しているものの、その先、直売所への物流について安定した物流システムがない。

そのようななか、非常に細いながらも物流の新な仕組みについてチャレンジする（図6-13）。

この仕組みは、「気付け分」としての荷受場所の確保を前提としており、長期継続的な対応は不可能なスキームであり、JAグループでの物流対応が喫緊な課題となる。

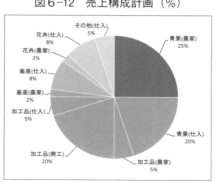

図6-12　売上構成計画（％）

第6章　都市型JAにおける直売所を起点とした改革

### (4) テナント間連携のビジネスモデル

　先に触れた通り、この直売所には二つの物販店舗と一つのレストランにテナントが出店するが、「直売所」-「テナント」-「レストラン」間の連携について具体的に進めている。

　テナント先の決定過程では、新直売所のコンセプトやターゲッティングする客層や対面販売といった販売方法について協議・調整を重ね、季節毎に出荷される農産物を中心に「直売所」-「惣菜・弁当」-「レストラン」での提供ができるように、柔軟なオペレーション（メニューや調理）ができる人員の配置を各社してもらっている。

　こうしたテナント間連携や柔軟なオペレーションが求められる店舗では、相互の商品提供、たとえば惣菜店で売ってるメニューの一部をレストランのランチプレートに入れることや、こだわりの国産肉を使った惣菜・ランチの提供であったり、季節や品物毎にさまざまな連携がはかれる。

　これにより、直売所・精肉店舗・惣菜店舗・レストラン店舗を貫く「シナジー効果」が生まれる新たな直売所運営のモデルとなりえる。

## 4．将来のJAビジョン

### (1) 食と農の協同組合の発想

　信用事業譲渡・准組合員規制の見直しに加えて、三大都市圏における生産緑地制度の改正・相続税納税猶予制度の継続等、限られた時間軸の中でJAの今後を左右する大きな判断や決定が予定されている。

　そして、この時間軸の中で組合員・地域の人々に「JAは必要」とい

図6-13　JA間取引に係る青果物の物流について

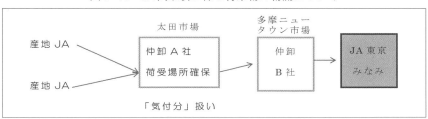

うことを実感し声をあげてもらわなければならない。

　そのためには、今後のJAの進む新たな到達点（ビジョン）を内外に明確に示して共感してもらうことが不可欠となる。

　これまでの「農業協同組合」としての発想にとらわれることなく、広く「食と農」の協同組合としての発想が必要と思われる。すなわち、戦後から続く農業協同組合としての役割を抜本的に見直し、消費者と生産者が共に参加・運営・利用する新たな形（スキーム）を模索する時期にあるのではないだろうか。

　とはいえ、法整備を含めて制度設計の根幹を見直すには大きな「力」と多くの「時間」が必要であり、早急な対応ができないならば、今できる具体的な取組みを進めていかなければならない。

　JA東京みなみにおける、新たな直売所への挑戦は、農業者・消費者・一般企業・行政を加えた新たな都市農業の仕組みであり、先に触れた生産圏JAと販売圏JAのマッチングを模索する取組みと捉えている。

## (2) JAによる農業経営

　加えて、都市部においても、農業生産の拡大を図り農業を存続をしなければならない。これまでのように「農業の多面的機能」のロジックだけでは無理がある。

　前述のように、JA東京みなみは「ダントツの直売所」をめざす一方で、現生産者の高齢化や相続による後継者や税負担の問題から農業従事者の減少や農地面積の減少は続くことが予想される。

　つまり販売先は確保しているものの、販売する地場産農産物が減少することが懸念される。

　さらに、三大都市圏にある生産緑地の貸借が可能となる予定があり、先に触れた正組合員アンケートでは、「営農支援の強化」「都市農業の振興」関する要望も多く寄せられていること（図6-5参照）、信用事業の譲渡や営農販売事業への経営資源のシフトが求められていること等を総合的に踏まえて、直売所のブランド化・成功の次に踏み込むべき戦略は、JAによる農業経営となる。

（**農業協同組合経営実務　2017年11月号**）

# 第7章
## 経営理念の実現に向けたJAおちいまばりの取組み
## 「あったか〜い、心のおつきあい。」
### わたしたちは地域農業の創造、心豊かな地域づくり人づくりをめざします。

二見 竜二（ふたみ りゅうじ）
愛媛県・JAおちいまばり　総合企画部　部長

大谷 晃弘（おおたに あきひろ）
総合企画部　企画管理課

佐々木 雄基（ささき ゆうき）
総合企画部　企画管理課

## 1．JAおちいまばりの概況

　JAおちいまばりは、愛媛県の東予地方に位置し、年平均気温は15〜16度、平均降雨量は900〜1,300mm程度の温暖寡雨な気候です。管内人口は約16.5万人ですが、うち陸地部が約14万人、島嶼部は約2.5万人という構成であり、とくに島嶼部においては高齢化率、人口減少率とも高くなってきています。

　管内は、サイクリストの聖地として注目を集めている「しまなみ海道」が走る風光明媚な島嶼部と、日本一のタオルと造船の町として有名な今治市があり、中世に瀬戸内海を中心に活躍した「村上水軍」をはじめとする歴史と伝統に育まれた地域です。最近の話題では、サッカー元日本代表監督の岡田武史さんがFC今治というサッカーのクラブチームを立ち上げ、平成28年にJFL昇格を果たしています。当JAも農産物提供スポンサーという形で協力し、共に地域の活性化に取り組んでいます。

　管内の農業については、農畜産物販売高の過半を占める柑橘類が、陸地部の傾斜地および島嶼部で栽培されており、陸地部の平坦地では、米麦や施設園芸作物などの栽培が中心となっています。また、近年は花卉・

図7-1　JAの概況（管内図）（平成9年今治市・越智郡の14JA合併）

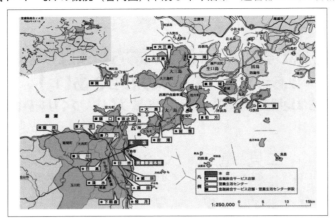

花木の栽培農家も増加傾向にあります。

## 2．JA おちいまばりの変革（20年が経過）

　JA おちいまばりは、1997年4月に今治市と越智郡の14JA が合併し誕生しました。島嶼部の6JA、陸地部の8JA が地理的条件と行政面での課題を抱えながらの合併であり、日本全国の地理的条件を縮図にしたような地域であるといえます。職員が100人を超える JA もあれば10人程

図7-2　JAの概況

| ◎組合員数 | | ◎事業量 | |
|---|---|---|---|
| 正組合員 | 10,564人 | 貯金 | 288,040,424千円 |
| 准組合員 | 24,766人 | 貸出金 | 51,446,504千円 |
| 合計 | 35,330人 | 長期共済保有高 | 659,582,510千円 |
| ◎役員 | | 購買品取扱高 | 4,712,874千円 |
| 経営管理委員(非常勤) | 25人 | 販売品取扱高 | 6,260,978千円 |
| 理事(常勤) | 4人 | ◎主要農産物 | |
| 監事 | 5人 | かんきつ類、米麦、野菜、施設園芸、花卉、畜産(牛・豚)、その他 | |
| (常勤1人、非常勤4人) | | | |
| ◎正職員数 | 474人 | ◎子会社(生活関連事業) | 6,079,632千円 |
| ◎臨時職員数 | 325人 | 自動車・燃料・Aコープ・葬祭 | |
| ◎グループ全従業員数 | 1,178人 | (2017年3月31日現在) | |

度のJAもあり、規模・事業量・財務状況で大きな格差がありました。同じ尺度で損益状況を明らかにするため、合併初年度には場所別部門別の経営手法の確立に取り組み、また、労働環境や賃金格差を抱えたままの合併であったため、1998年に人事管理制度の構築を行い、職員の不公平感をなくす取組みを進めました。

　以降、事業機能および施設等の再編を繰り返しながら、その時々の課題を解決するためにプロジェクトを立ち上げ課題解決に取り組み、2016年度末をもって20周年を迎えることができました。

## 3．JAおちいまばりの取組み

　2014年に開催された第27回JA全国大会では、「農業者の所得増大、農業生産の拡大、地域の活性化」が決議されました。これを基に、当JAでも「創造的自己改革への挑戦　～農業者の所得増大と地域の活性化に地域協同組合として全力を尽くす～」をテーマとした第7次中期計画（平成28年度～30年度）を策定し、基本方針として以下の4点を掲げています。
　①農業者の所得増大と農業生産の拡大による持続可能な農業の実現
　②地域の活性化による豊かで暮らしやすい地域社会の実現
　③「組合員」「役員」「職員」三位一体で行う自己改革の着実な実践
　④次世代とともに「食」と「農」を基軸として地域に根ざした協同組合としての役割発揮
　創造的自己改革への挑戦と銘打っていますが、JAとして取り組むべきことに変わりはないと考えています。しかし、農協改革を乗り切るためには、組合員からの理解・共感が今まで以上に必要なことも確かです。そこで、今まで以上に地域や組合員に寄り添い、理解を得られるよう以下のような取組みに注力しています。

(1) 地域農業振興と農家所得増大に向けた取組み
①農業振興計画の策定・実践

　中期計画の策定にあわせて、管内20か所で農家組合員との意見交換およびアンケートを実施し、得られた意見に対して、今後JAが3年間に掛けて取り組むべき方針を七つに絞った農業振興計画「レインボープラン」を策定し、七つの方針にちなんで、虹をモチーフとした冊子を作成しました。

　レインボープランの内容は、生産者とJAがともに販売高70億円という共通の目標を持ち、一緒に取り組んでいくための指標を見える化したもので、営農経済事業におけるそれぞれのセクションで区分しています。たとえば販売では、JAおちいまばり農畜産物を地域ブランド化し、ネームバリューで有利販売を行う方針などを記しています。

　購買では、1円でも安く購買供給できるように、地域のホームセンター等の価格調査を行い、仕入れや価格設定を見直すことで、地域で最も安い価格を目指して取り組んでいます。

　経営指導では、確定申告の支援を行っていますが、ここで得られたデータをもとに経営分析を行い、個別に指導を行っています。

　労働力支援、地域の課題解決、担い手育成でも、それぞれ得られた課

図7-3　ビジョンシートのイメージ図

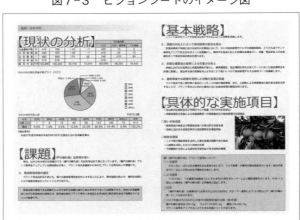

第7章　経営理念の実現に向けたJAおちいまばりの取組み「あったか〜い、心のおつきあい。」

題に対する対応策を示し、スピード感を持って実践することを目標にTAC活動を行っています。

　指導において、当JAでは今後伸ばすべき重点推進品目を7品目定め、それぞれビジョンシートを作成して推進しています。

　ビジョンシートとは、七つの重点推進品目それぞれについて「現状、課題、基本戦略、実施事項」を記し、生産者側、JA側が取り組むべき実施事項を見える化しています。これをもとに実践、検証し、PDCAサイクルを回すことで実情に即した戦略の立案を行っています。

　レインボープランは、農業者の所得増大、農業生産の拡大に向けて、農業者とJAがともに実践していくための指針として、TACを中心に担い手（約1,000戸）を訪問し、冊子を配布して方針についての理解と実践について、担い手の意識改革を図りました。

　当初は担い手の関心も低かったものの、継続的に巡回することで地域に少しずつ浸透し、理解者も増えてきました。TACのリーダーシップにより、担い手や地域を巻き込み「一緒にやりましょう‼」という担い手の意識改革に繋がった事例もあり、部会や集落単位に良い影響を与えて地域の活性化に寄与しています。

図7-4　農作業支援グループ心耕隊連携イメージ

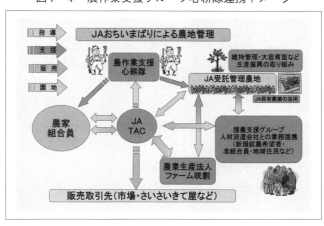

### ②農業生産法人ファーム咲創(さくぞう)との連携

　耕作放棄地対策や新規就農者の育成とともに、地域農業生産基盤の維持と総合的な営農支援を行うことを目的に、2012年にJA出資型法人である「農業生産法人株式会社　ファーム咲創」を設立しました。

　ファーム咲創では、①新規就農者を法人雇用する「人材育成事業」、②一時的な農作業（水稲・野菜）を受託する「労働力支援事業」、③委任された農地で作物を栽培する「農業経営事業」を行っています。

　人材育成事業は、管内に長期間定着してもらえる新規就農者の育成を進める事業で、実際にここから就農者がでてきて、キュウリ・里芋を中心に水稲・麦など多くの品目を栽培しています。

　労働力支援事業は、農業者の多様なニーズに対して、農作業を受託して支援する事業です。

　農業経営事業は、農地利用集積円滑化事業で委託された農地などで、水稲・麦の栽培をしています。2014年度からは水稲育苗・野菜育苗にも取り組み、経営基盤の強化を図っています。

　また、農地利用集積円滑化事業に取り組むなかで、管理が困難になった農地を担い手へ流動する働きかけを行っています。平成29年3月末で総農地相談面積約100haの内、地域の担い手へ約45ha、ファーム咲創へ30haの農地集積を行いました。

### ③農作業支援グループ心耕隊(しんこうたい)との連携

　水稲・野菜の農作業支援はファーム咲創が基軸ですが、管内の主力品目である柑橘の栽培農家を中心に支援を行い、一日でも長く農業をしていただくために、「営農支援グループ　心耕隊」を2013年に結成しました。心耕隊はJA職員約10名で結成されており、作業内容としては、収穫や剪定関連の作業、摘果やマルチ被覆のほか、イノシシ対策の防護柵・電気柵の設置、簡易ハウスの設置などを行っています。この心耕隊を活用することで、高齢農家は少しでも長く農作業に従事でき、また、若い担い手農家には規模拡大の提案もできます。

　各営農センターに配置されているTACが、担い手のコーディネート役となり、細かな作業支援要望と心耕隊の作業スケジュールを調整する

第7章　経営理念の実現に向けたJAおちいまばりの取組み「あったか～い、心のおつきあい。」

など、心耕隊の事業推進および営農活動を補完しており、TACが必要不可欠な存在となっています。2016年度の作業受託件数は505件と、柑橘農家に貢献しています。

### ④新たな労働力支援の形を提案

　農作業支援事業では、繁忙期と閑散期の波があり、JA職員の対応だけでは繁忙期の対応がむずかしくなってきたため、2015年度から人材派遣会社と提携し、ファーム咲創や心耕隊に「農業応援隊」を派遣し、収穫や植えつけ作業に従事してもらうことで態勢拡充に繋げています。これは、農業への人材派遣を通じて就農機会を創出し、中高年の就労機会や未経験者に対して農業の裾野を広げる取組みでもあります。

　たとえば、主力野菜のきゅうりでは、TAC巡回時に規模拡大を提案し、朝の収穫作業を2か月程度応援隊員に手伝ってもらうことで、これまで植えられなかった範囲の面積をカバーすることができ、結果的に、掛かった人件費以上に利益を獲得し所得が増大しました。

### ⑤新規就農サポート事業への取組み

　2017年4月には、管内主力である果樹農業の新たな担い手育成と果樹産地の生産振興を進める「新規就農サポート事業」を新たに開始しました。大阪などで開かれた就農セミナー「新・農業人フェア」などで農業希望者を募集し、県外から集まった3人を研修生として受け入れ、柑橘類の苗木を約500本（約70a）定植し、研修を行っています。

　島嶼部の耕作放棄地を柑橘農業ができる園地へ再整備し研修園地として活用、就農希望者が将来自立して農業を営むことができるよう栽培や管理を実践し、農業経営を教えるとともに、地域のしきたりや風土にも馴染むよう実践指導もしています。取組みは始まったところですが、この事業をきっかけに、島嶼部の農業活性化・地域活性化に繋がるよう期待しています。

### ⑥さいさいきて屋の取組み

　今ではJAおちいまばりの顔となった「さいさいきて屋」ですが、2000年に出荷会員90人、30坪の店舗からスタートしました。5年目には出荷会員数は800人を超え、売上高も8億円と順調に売上を伸ばし、

2007年に現在の大型直売所「さいさいきて屋」を新規オープンしました。各種メディアにも取り上げられ、2016年度の売上高は22億円となりました。

　しかし、直売所は農畜産物を売り収益を上げるだけが目的ではありません。小規模農家の農産物も集めて出荷量と販路を確保し、栽培から販売、加工へと循環させ、さらには農業の情報発信の拠点となるべく、農業に関する栽培技術の指導、体験型市民農園の運営などを含めた総合的な仕組みを確立することで地域農業に元気を与えることを目的としています。食農教育講座や料理実習に使用するクッキングスタジオ、加工施設、研修施設などもそろえ、隣接する農地には、果樹実証農園を設置し、JA営農指導員による栽培技術実証の場としています。また、初級、中級、上級者向けに分けた貸し農園も設置し、将来の潜在生産者を育てています。

　めざすところは「日本一売れ残りが少ない直売所」であり、これを実践するために始めたのが併設する「彩菜食堂」「SAISAI CAFE」です。閉店後の出荷残品を翌日の食材に活用し、出荷された農産物を無駄にしないよう取り組んでいます。

　また、2012年には、野菜の乾燥・パウダー工房も設置して、売れ残っ

図7-5　さいさいきて屋の取組み

第7章　経営理念の実現に向けたJAおちいまばりの取組み「あったか〜い、心のおつきあい。」

た商品を買い上げ、パウダー、ペースト、乾燥等の一時加工を施してサブレやパンに使用し、カフェの人気商品になっています。

さらに、タブレット端末を活用した「彩菜ネットスーパー」にも取り組んでおり、買い物弱者・交通弱者と呼ばれる高齢者などに専用のタブレットを貸し出し、受注・配達するサービスを行うとともに、タブレットには行政との連携した安否確認機能も搭載しています。

直売所運営のこだわりとしては、今治産に徹することです。生鮮品は勿論、各種加工品・PB商品も原材料は今治産の農畜産物を使うことを原則としています。店内全てを今治産100％に近づけることによりスーパーとの差別化を図っています。また、加工業者も今治の業者を最優先、NB商品の仕入れも地元今治の業者に委託しており、「物とお金を地域で回す」ことを通じて、管内地域の活性化に繋げています。

地域が生き残るためには、地域のことは極力地域で完結できる仕組みを構築する。これがグローカル戦略であり、地域と人の絆となり、活性化に繋がっていくと信じています。

### ⑦新しいコンセプトの直売施設の取組み

2016年には、上記のさいさいきて屋とは異なるコンセプトの直売施設をオープンしました。高齢化が進み、スーパーのない朝倉地区の地域住民の買物と交流の拠点となることを目指してオープンした「彩咲あさくら」は、金融店舗（下朝倉支店）と生活店舗、食堂、カフェスペースが一体となった全国のJAでも珍しい複合型新店舗です。同じ敷地には農ファーム咲創もあり、金融・営農・直売部門が三位一体で地域と関わり、

図7-6　下朝倉支店・彩咲あさくら　　図7-7　彩菜サイコー（SAI & Co.）

協同活動を実践しています。

　イオンモール今治新都市内にオープンした「彩菜サイコー（SAI & Co.）」は、従来の直売所と異なり、厳選した農作物を販売する直売施設です。施設内には直売所のほか、焼肉店とイタリアンレストラン、カフェを構えており、JAおちいまばりブランドの発信とともに、食を通じて地域農業の素晴らしさを提案し、作り手（農業者）と食べ手（消費者）を結ぶコミュニティの場です。イオンモールとの連携で販売力を高め、農業の魅力発信と農家所得の向上をめざしています。

### (2) 高齢者福祉事業の取組み

　福祉事業では、"笑顔・やる気・元気"をスローガンに、多彩な福祉サービスで住み慣れた地域で安心して暮らせる豊かな地域社会づくりに取り組んでいます。2000年の訪問介護事業を皮切りに通所介護事業所を4か所、歯科診療所を2か所、小規模多機能型居宅介護事業所を1か所設置しています。歯科診療を始めた経緯は、食と農を基軸として事業展開するJAとして、亡くなるその日まで、自分の口から新鮮な農畜産物を食べていただきたいという想いから取組みを始めました。2か所の診療所の設置により、島嶼部を含めた管内全域をカバーできる訪問診療体制が整備されました。

図7-8　元気まんてんオープン

第7章　経営理念の実現に向けたJAおちいまばりの取組み「あったか〜い、心のおつきあい。」

　2015年には、利用者のニーズにあわせて通い・訪問・泊まりを柔軟に組み合わせた小規模多機能型居宅介護事業所「元気まんてん」を新設しました。現在、「医療から在宅へ」という流れのなか、医療が必要な高齢者や重度な要介護状態の高齢者についても、可能な限り地域（住まい）で生活できるようにと地域包括ケアシステムの構築が進んでいます。その一翼を担うのが小規模多機能型居宅介護であり、地域の高齢者は地域で支えていく仕組みづくりが求められています。その期待に応えるべく、今後より一層この取組みを進めていく予定です。

(3)　組合員の意思反映強化に向けた取組み

　JAおちいまばりでは2010年に、それまでの地区運営委員会を再編し、「組合員・地域住民の地区単位における協同活動推進上の課題や要望・意見を集約・検討し、経営管理委員の地区候補者を選考すること」を目的として、「地区検討委員会」を設置しています。委員の構成は総代60％、生産部会など組織代表30％、准組合員・事業利用者10％となっています。検討事項は、①JA経営、②農業振興、③施設整備、④JA業務執行、⑤業務改善、⑥経営管理委員の地区候補者推薦などであり、委員会の開催は年3回となっています。

　運用するなかで、増加する准組合員（2005年度に准組合員が正組合員を上回り、以降格差は大きくなっている）の定数が少ないため、准組合員の意見をより反映させることと、地区からブロック、本部という意見集約の流れでは、課題解決までに時間がかかるという課題がありました。そこで、2015年からは同委員会の更なる充実を図るため、全14地区に准組合員を1人ずつ追加し、増加する准組合員の意見をJA事業運営により反映できるよう強化しました。

　また、支店長・センター長を事務局とし、営農経済事業を中心とした本店管理職を委員会に参加させ、より迅速な課題解決に努めています。委員会で出された意見集約と課題解決へは、迅速な対応、適切な管理、結果の報告、同一意見の低減という新たなルールを設けて運用しています。

### (4) 女性組織活性化に向けた取組み

　JAおちいまばりの女性参画を数値でみると、2016年度末で正組合員の女性比率は32％、准組合員は44％、総代で22％となっています。JA役員としても2人の経営管理委員、1人の常勤監事、合計3人の女性が活躍しています。女性管理職の割合は14％と、決して高い数字ではありませんが、それぞれの立場でJAを牽引していただいています。

　2016年度末の女性部員は1,079人と、2008年と比較すると542人も減少しています。また、部員の高齢化も進んでおり、次世代対策も急務となっています。そうした状況の中、2012年から地域の若い女性に農業やJAの取組みを知ってもらおうと、JA女子大学「おちいま～じゅ」を開校し、現在6期生まで育っています。

　2016年には、女子大学OG生が発起人となり、新たな女性若手グループ「フレッシュ16（イチロク）」が誕生し、現在は女性部の支部として活動に参画しています。

　また、2016年の役員改選時には、増加する准組合員の中でも特に女性の割合が高いため、准組合員女性を経営管理委員へ登用しようと、定数増を行っています。

　そのほか、毎年1回、女性のJA組織運営への参加意識を高めるとと

図7-9　プロジェクトチームの構成

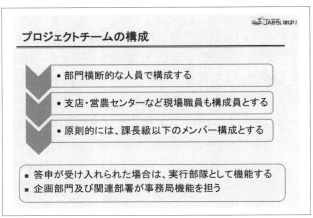

もに、総代及び地区検等委員の役割や女性参画の必要性を理解していただくことを目的として、女性総代・女性地区検等委員・女性部・助け合い組織・女性役員を対象に「元気なJAづくり学習会」を開催しています。

### (5) 風通しの良い組織づくり

　JAおちいまばりでは、合併当初から事業・組織の活性化を図るため、課題解決の手法としてプロジェクトを設置して取り組んできました。プロジェクトは大別すると、業務上の課題について職員段階で検討し、役員へ具体的な答申を行う「職員主導型」と、役員の指示及び企画担当部署の職務として経営課題に対する検討を行う「企画部署主導型」の二つに分けることができます。特にプロジェクトメンバーの選定は、①部門横断的な人員で構成、②支店・営農センターなどの現場職員も構成員とする、③原則的には課長級以下をメンバーとする（女性もメンバーに入れる）など、注意を払っています。さまざまな部門の職員を集めることで多様な意見を集約することができ、導入も容易になります。また、若手職員をメンバーに入れることにより、人材育成にも繋がります。

### (6) 人材育成についての取組み

　JAおちいまばりでは、人事理念「人間力溢れる人材の創造～人の心を動かし、情熱と感動を届ける"人"をめざします。～」を掲げ、求められる職員像と人材育成基本方針を示しています。

　求められる職員像は「①組合員の営農・生活を高め、地域農業の振興をはかる職員」「②協同組合理念を実践できる職員」「③活力ある職場づくりのために業務の改善に積極的に取り組める職員」となっています。

　そのための人材育成基本方針は「①協同組合理念の実践と、豊かな心でより高いサービスを提供することができる職員を育成する。」「②適切な異動ローテーションにより、専門知識を有する職員を計画的・継続的に育成する。」「③職員の意識改革と自己成長のため、計画的かつ効果的な教育研修を実施する」となっています。

　これらにもとづき、階層別研修、ライン職研修、新規採用研修などを計画的に実施しています。新規採用研修は、四国八十八箇所霊場である仙遊寺で4泊5日の合宿研修を実施しています。平成17年からの取組み

ですが、同じ釜の飯をともにすることで、同期の関係性が強化されてきました。また、以前と比較すると早期の退職者が減少してきました。

　外部研修への派遣も積極的に取り組んでいます。JA経営マスターコースには2000年度以来16人（うち女性3人）を派遣しており、県中央会・信連などにも継続して出向させ、中核人材の育成にも努めています。

　また、2015年度からは、コアとなる次世代層を育成することを目的に、外部コンサルタントに依頼して「次世代リーダー育成プログラム」の運用を始めています。このプログラムは毎年8名を選出し3か年計画で取り組んでいます。日常業務以外の研修であり、受講生にはかなりの負荷が掛かっていますが、スーパーリーダーを1人育成するのではなく、同じ境遇で育った仲間が、世代ごとのチームをつくり、自分たちで今後のJA組織をつくることを自覚させる、また、変革を起こすことができる職員を育成し、系統外でも通用する人材を育てることが狙いです。

　今年度でプログラムは終了しますが、研修成果が一過性のもので終わることがないよう、仕組みづくりを行っている最中です。

##  4．おわりに

　JAおちいまばりが合併してからの20年間で人口減少と少子高齢化が著しく進むなか、地域の状況の変化とともにJAの役割も変化をしていると感じています。

　2016年度に実施した全中施策の組合員アンケートの結果では、JAに期待する活動について正組合員・准組合員ともに「高齢者の生きがいづくりのための活動」がトップとなりました。従来の農を基軸とした活動はそのままに、役割の変化に対応していく必要があります。

　また、地域のみなさまの期待に応えると同時に、JAグループ全体をとりまく社会情勢の変化にも確実に対応し、確固たる経営基盤を確立する必要があります。JAおちいまばりでは、今後10年間について、公認会計士監査の導入や農林年金の清算にともなう特例業務負担金の一括支払い等の発生による費用と各事業の事業収支をシミュレーションした結

果、経営状況が非常に厳しくなることが想定されており、収支改善を目的とした「経営改善プロジェクト」を発足しました。すでに自己改革による地域・組合員からの評価と経営改善プロジェクトによる確固たる経営基盤の確立を大きな柱として日々取り組んでいます。

　しかし、謂われなき農協改革を契機に農協法の大改正が行われるなど、農業協同組合の歴史の分岐点に立たされている今、さらに大きな力の結集が必要です。

　私たちがめざす姿は、まさしくJA綱領に描かれているものです。2016年11月30日、「協同組合の思想と実践」がユネスコの無形文化遺産に登録されるなど、世界的に協同組合への理解・価値を高める土壌は醸成されつつあります。今こそ大きな視野と夢を持って、国や業種などの枠組みを超えた協同組合間協同を実現することで、豊かな地域社会を築くことが今後の大きな方向性になると感じています。

　本稿をご一読頂きましたみなさまとともに協同活動に邁進できることを祈念いたしまして、結びとさせていただきます。

（農業協同組合経営実務　2017年12月号）

# 第8章

# JA新いわての将来ビジョン

畑中 新吉
岩手県・JA新いわて　代表理事専務

## 1. JAの概要

　JA新いわては、岩手県の県庁所在地である盛岡市以北を事業エリアとしています。管内面積は約7,700km²（岩手県の約50.4％）あり、西端は秋田県と、東端は太平洋と接する東西最大110km、北端は青森県と接する南北最大110kmに及びます。また、管内は18市町村もの自治体により構成されています。

　このような広大な面積を有する管内では、山間農業地域、中間農業地域、平坦農業地域、都市的農業地域と、多様な農業地域類型を有しています。また、圃場面積における傾斜地の割合と、標高300m以上の高標高地の占める割合が高いことが特徴となっています。

　また当JA管内の気象条件は、季節風と地形の関係により地域ごとの特徴が極めて大きいものがあります。北上山地に囲まれた盆地部は内陸型の気象であり、北上山地の周辺では低温で冷涼な高原性の気象となっています。沿岸地域は、寒暖両流が接し、主として寒流の影響を受ける中部以北では、気温は一般的に低く、夏には海霧が多く発生し、梅雨時には「やませ」と呼ばれる北東風のため、冷涼な気候となります。

このような立地及び気象条件を活用し、米をはじめ、野菜、花卉、果実、畜産酪農など多種多様な農畜産物を生産しています。

## ２．JA新いわての沿革

　JA新いわては、2017年３月をもって、誕生から満20年を迎え、その間、２度の合併を経ています。

(1) **1997年合併**

　JA新いわては、1997年３月に誕生しました。国内農業によせる自由化の波と規制緩和が進むなか、「規模の農家経済メリット確保」のため、現在の盛岡市玉山地区、滝沢市、八幡平市、岩手郡内の九つのJAが大同団結して発足しました。

　この合併で、管内面積で県土のおよそ５分の１を占め、組合員数が約１万７千人、農畜産物販売高308億円余りの実績を持つ、全国でも有数な事業規模のJAとして第一歩を踏み出しました。

(2) **2008年の２次広域合併**

　現在のJA新いわては2008年５月に誕生しました。「県下６JA構想」

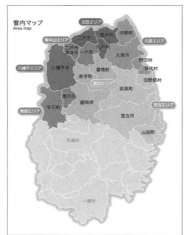

JA新いわて事業エリア　〜新岩手の管内地図〜

にもとづき、安定した財務基盤の確立と、組合員及び地域に対する一層の貢献を目的として、JA新いわてを含む5JAが合併し、新生「JA新いわて」が誕生しました。

(3) **現在**

管内は広域であり、それぞれの地域特性を生かした多様な農畜産物が生産されています。地域に根差した事業展開を図っていくために、管内を七つのエリアに分け、各エリア統括部長の下、それぞれ特徴を持った農業振興を基軸に各事業の展開を行っています。

図表8-1　JA新いわての概要（2017年2月末現在）

|  | （億円） |  | （人） |
|---|---|---|---|
| 総　資　産 | 2,690 | 組　合　員　数 | 42,227 |
| 貯　　　　金 | 2,421 | 正組合員数 | 20,799 |
| 貸　出　金 | 470 | 准組合員数 | 21,428 |
| 長期共済保有高 | 9,684 |  |  |
| 購買品供給高 | 158 |  | （％） |
| 販売品販売高 | 477 | 単体自己資本比率 | 13.12 |
| 出　資　金 | 76 |  |  |

## 3．JA自己改革　～「自己改革」に対する認識～

2014年6月、政府は農業の成長産業化のための抜本改革を断行するために、規制改革実施計画を閣議決定しました。それを受けて、農協改革を円滑に進めることを主眼として、2016年4月に農協法は大きく改正されることとなりました。そこでは、過去に例がない程の多くの制度変更や方針転換がなされました。

しかし、それで終わりではなく、法施行5年後を目途に、改革の実施状況を勘案し、農協に関する制度について再検討を加え、必要な措置を講ずるとしています。

現在、いわゆる政府から求められた「農協改革」に対抗していくために、系統一丸となって「JA自己改革」を進めることとし、今、その真っただなかにいる状況であると考えています。

それらの動きを受けて、JA新いわてでは、2016年度に「農家組合員の所得増大・農業生産の拡大」に係る自己改革工程表を作成し、2017年度の第八次3か年計画策定時において、三つの方針「JA地域農業戦略」、「JA地域くらし戦略」、「JA経営基盤戦略」にそった、重点取組事項マスター工程表を策定し、自己改革の完遂に取り組んでいます。

◎「改めて」のことではない

　「JA自己改革」は、外部からの圧力・要請によって何か特別な事を行うというスタンスではなく、本来行ってきたことを見えるように整理・具体化し、身の丈に合った内容で実行・実現することであると考えています。

　今までは、組合員とJAの双方がことさら議論しなくとも意思が通じ合い、事業等が進んできた時代もありました。しかし、近年の社会情勢や組合員の変化にJAがついていけていない状況に陥ってしまっている部分があることもいなめません。

　「わかってくれている」「たぶん～だろう」という認識のもとでは、ますます組合員との意識に乖離が進んでいくことが予想されます。

　このことから、この「自己改革」をきっかけにして、目標・認識・思いを見えるようにして、組合員と同じ目線・同じ言語で共有し、議論していきたいと考え、行動していくこととしています。

## 4．自己改革の実践

### (1) 地域農業振興
### ～「日本一の産地チャレンジ運動」の展開～

　当JA管内は、豊富な農業資源に恵まれており、2017年度末の販売品販売高は約477億円で、販売品販売高100億円を超える部門が3部門あります。これは全国でもトップレベルに位置する販売高です。

　当JAの経営基盤は「農業」であり、地域の農業者の経営基盤の安定および健全な農業者の育成が図られなければ、JAの経営基盤も安定しないとの認識のもと、合併初年度から地域農業振興計画の立案に向けた

プロジェクトを立ち上げ、翌年度の2009年度よりJA新いわて地域農業振興計画が実践されました。

　当初5年（2009年〜2013年度）の計画で、販売品販売高の最終目標を480億円と設定することで進められましたが、事前説明会等で組合員の中から「500億円にしよう」という声があがり、最終目標を500億円に設定する後押しとなりました。

　「日本一の産地チャレンジ運動」として、最終目標を500億円としたことが、組合員に対しての「錦の御旗」となり、生産者のJAへの結集力を高めることで、新生JA新いわてとしての方向性を示せたものと考えています。この運動は現在の地域農業振興計画にも受け継がれています。

　合併したことにより、規模の経済効果が生まれ「選択と集中」により農業振興に対するJAの独自助成措置を実施することが可能になり、農業振興対策事業（以下、振興対策事業という）として2010年〜2012年度の3か年で8億円の対策費を計上しました。

　当時の農業情勢は、国際的には石油代替エネルギーへの転換によりバイオ燃料向け穀物の需要が増えて飼料価格が高騰し、穀物需要の増大により肥料需要も高まり、輸入原油や飼料穀物に多く依存する中で価格転嫁できない状況でした。

　国内的には、中国産冷凍餃子食中毒事件をはじめとした食品の安全性に関する問題、農産物価格の価格低迷や生産資材の価格高騰、現在も課題となっている担い手の減少（高齢化）、労働力不足といった問題がありました。

　こういった課題解決のため、振興対策事業では①生産規模拡大対策、②新規就農者特別対策、③農業経営改善対策、④農畜産物販売・宣伝対策、⑤災害復旧対策の五つの対策を設け、助成措置を行いました。

　主に生産規模拡大対策に重点を置き、生産規模拡大に意欲のある農家に対し、JA新いわてとして対策を講じました。2016年度までに、内容は修正されながらも振興対策事業は継続され、延べ2,900人（法人含む）、10億円超の対策を講じました。

　販売品販売高は、東日本大震災の影響を受けた2011年〜2012年度か

ら早期回復し、2016年度は過去最高の477億円となり、2016年度末実績において、目標の500億円を視野に捉えています。

2017年度は、担い手対策支援事業としてリニューアルし、助成措置を行うこととなったので予算規模は縮小しましたが、JAいわてグループとしての助成措置を加えることで遜色のない内容となっています。

500億円の目標の達成は、JAだけでは到底達成できるものではなく、関係機関・行政との連携強化が必須です。当JAでは、管内18市町村の首長、振興局といった行政との意見交換を毎年行い、課題や目標を共有し農業振興に取り組んでいます。

その中の取組みとして、2009年度にJA全農いわてとJAで、岩手県北部地域における園芸生産の拡大と多様化する流通に対応できる産地体制の整備を目的に、「県北園芸センター」を設置しました。

県北園芸センターでは、「アグリポイント出荷システム」を使い各集荷場の集出荷状況を一元管理し、全農とワンフロア化したことでいち早く情報を共有し有利販売に結びつけています。

また、同時期に消費地情勢を収集して迅速な対応をするため、首都圏専任職員を東京都に配置しました。産地と市場のつなぎ役として販売力強化に努めており、今後その重要性はますます増加していくものと考えています。

2017度〜2019年度にかけて、新たな地域農業振興計画を実践してい

図8-1　販売品販売高・取扱高の推移

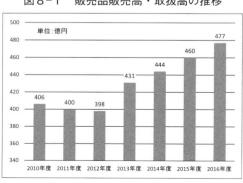

ます。今次計画では、合併当初の計画主旨を継続しつつ「農家組合員の所得の増大と農業生産拡大」を図るための地域農業戦略と位置づけています。

(2) **主な取り組み内容・成果**
**①良食味米「銀河のしずく」**

　岩手県はブランド米競争に参入するため、食味を最優先した県オリジナル品種「銀河のしずく」を開発し、2015年秋に本格デビューしました。岩手県産米はこれまで「おいしい」との評価は得ていましたが、他県で開発された品種の作付けが主流で、「銀河のしずく」がこの年の食味ランキングでは参考品種ながら最高評価「特A」を獲得できたことは、生産者の意欲向上と自信につながっています。

　これまでは岩手県産の「あきたこまち」でも「秋田のお米ですか？」と聞かれることが多く、悔しい思いをすることが度々ありました。

　新たな岩手の顔として「銀河のしずく」が登場したことは、生産者にとってもうれしく誇らしく、試食販売を行った際に、「『岩手オリジナルのお米ですよ』とお勧めすることができ、消費者の方々に"おいしい！"と喜んでいただけたのはうれしかった」、と生産者から声があがっています。

　岩手県全体での栽培・販売戦略のもと、栽培適地を限定し、県央部での栽培が中心となっています。当JA管内の2017度の作付面積は230ha

図8-2　アグリポイントシステム概要

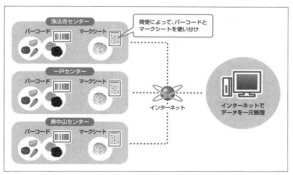

となっており、県全体の約3分の1を占めています。

　栽培適地を限定しているため生産量はまだ少ないのですが、今後の岩手の米として、ブランド定着に向けてJAいわてグループ、行政ともに一丸となって取り組んでいる最中です。

## ②第54回農林水産祭（2015年度）天皇杯・内閣総理大臣賞受賞

### a. 八幡平花卉生産部会

　　天皇賞を受賞した八幡平花卉生産部会は、部会員数170戸で地域オリジナル品種を活用した産地化に取り組み、全国のりんどう栽培面積の約4分の1、出荷数量の約3割を占めるまでに成長しました。行政と一体となった地域オリジナル品種の開発を進め、切り花30品種、鉢物9品種を実用化しています。

　　海外輸出にも早くから取り組み、2002年からオランダへ輸出を開始し、北米、東南アジアにも販路を開拓しています。ニュージーランド、チリと契約栽培を締結し、海外で生産を行う事で周年供給を可能にしており、販売額は11年連続で10億円を達成しています。

　　また、系統出荷率90％以上の共販体制による安定した出荷ロットと全量共同育種、全圃場一斉巡回指導といった厳しい自主検査により「安代りんどう」ブランドを確立し、市場での有利販売につなげています。

### b. 有限会社ファーム菅久

　　内閣総理大臣賞を受賞した有限会社ファーム菅久は、水稲、小麦の作付面積67ha、作業受託63haのほか、農産物の加工販売に取り組んでいます。

　　特色として、「米づくりの基本は土づくりである」という基本理念のもと、5年に1回のローテーションで土壌分析を行い、その結果に応じて独自配合の施肥を行うなどの地力の向上に努めています。

　　また、「いい米づくりは健苗から」との考えのもと、太くて丈夫な苗を育成したうえで坪当たり45株の超疎植栽培を実施し、根の部分のみを植えつけるという浅植えを実施しています。土作りの効果もあり、すべてのほ場で5割以上の減農薬・減化学肥料栽培に取り

組むなど、生産コストの大幅な低減を実現しながら、10a当たりの収量は、毎年、県平均の約1.2倍を誇っています。

担い手不足により、農地の出し手が増加することが予想されるなか、本法人が今後も農地の受け手としてさらなる規模拡大を行いつつ、加工品の販路拡大を図るなど意欲的な発展マインドに、当JAとしても微力ながら協力していきたいと考えています。

### ③野菜販売120億円産地育成会の設置

当JAでは、マーケットインに対応した販売戦略の一つとして、生産者、重点市場（6社）、全農、JAの関係者で、野菜販売120億円産地育成会を2016年度に設置しました。

本会の設置の目的は、プロダクトアウトとマーケットインの均衡を図ることと、4者それぞれのバリューチェーンにおける責任を明確にすることにより、より強固な販売体制を構築することです。

また、主要9品目の野菜において再生産価格を上回る「チャレンジ単価」を設定し、4者共通の目標としています。

信頼の構築には、責任の遂行が必須であることを各者認識し、「トラスト（信頼）バリューチェーン」を進化させることが今後の販売戦略に重要であるとの認識のもと、取り組みを行っています。

### ④野菜応援隊「もんずら・すかしぇーるず」

3人の女性生産者（20〜30代）で構成される野菜応援隊「もんずら・すかしぇーるず」は、マーケットインによる販売強化の一環として、女性生産者ならではの思いの発信や消費者ニーズを捉えるために活動を行っています。

主な活動は、市場、小売店での管内野菜のPR活動です。特に小売店でのPR活動では、主婦（生産者）と主婦（消費者）の共感による相乗効果により、一層のPR拡大につながると考えています。

また、女性生産者に焦点をあてることにより、モデル生産者として当JAや地域農業をけん引する存在になってほしいという狙いもあります。

### ⑤労働力確保対策

農業従事者の高齢化、担い手不足による労働力の減少は、地域農業の

維持発展を揺るがす大きな課題となっています。

　岩手県の農業従事者の平均年齢は、農林業センサスによると、2015年度現在で60.5歳と2005度の調査結果より4.7歳も上昇しています。

　その課題解決の一つとして、当JAでは海外実習生の受け入れや、長期アルバイト向けの作業説明用DVDを作成し活用しています。また各地域の行政と連携し、ほうれん草出荷調整センターの設置や、きゅうりの葉摘みを専門として行う「葉摘み隊」をきゅうり生産組合で雇用する取り組みが行われています。

　機械化により省力化が進んでいるものの、労働力不足のため規模拡大や多角化が積極的には進められていません。

　地域農業の維持発展のためにも「人材確保」「人材育成」といった、短期・長期的な取り組みを継続することが求められると考えています。

### ⑥地域・他業種との連携　～「クラスター事業」への積極的な取り組み

　岩手県は全国でも有数の畜産県ですが、複合経営で畜産を営んでいることを主要因とし、飼養規模は全国一小さく、経営規模が小さいことから生計が得にくく、後継者が継承しにくいといった課題があります。

　また、家族や地縁によってお互いの営農を支えあってきたので、地域からの酪農家の離農は、地域農業への影響に大きいものがあります。そこで、個人の経営に任すのではなく、地域全体での営農継承や規模拡大が求められています。

　現在、畜産関係の補助事業はクラスター事業に集約されています。畜産クラスター協議会を設立し、地域の実状に合った計画を策定し、それにともなう活動を行うことで、これまでの「補助金出して施設整備して終わり」でなく、農家とJAや行政に加え、その計画達成のため企業や機関も構成員とし、経営をサポートし、地域特性に合わせた農業を守る仕組みを作ることが狙いとなっています。

　そのようななか、JA新いわての管内では14件のクラスター協議会を設立し農家の支援を行っています。

　その一つの「盛岡市玉山地域畜産クラスター協議会」では、酪農だけで生活できる経営体を増やすことを目標に活動を行っています。

具体的には、経産牛増頭による規模拡大を中心とした牛舎整備のほか、地域の牧野を活用した育成牛預託や粗飼料供給、地元の農業法人からの稲WCSの供給、環境組合による尿の汲み取り、粗飼料基盤の確保（紹介）や導入時の衛生対策など、規模拡大にともなう粗飼料の確保や堆肥処理を中心に、規模拡大や新規就農の農家の経営を地域全体でサポートする内容です。今後、この取組みをモデルとして、地域への波及を期待しています。

　このようなクラスター協議会を各地域で組織化・実働化し、地域の実状に合わせた農業振興を進めていく事が、地域振興の上で重要となってきていると考えています。

### (3) JAと組合員、次世代・担い手とのつながり・反応

　経営の効率化・経営基盤の強化を図る一つの施策として、支所や各施設の再編・統廃合がなされてきました。経営的には一定の効果は見られましたが、組合員同士、組合員とJAとの交流の場・機会が減少したことはいなめません。

　交流の場や機会が少なくなったことを遠因として、とくに新規加入・若年層の組合員へ協同組合の基本的な考え方等がなかなか伝えられず、また、職員自身も学ぶ機会が減ることで、組合員とJAとの間に距離ができてきたのではないかとの反省のもとに、現在、新規加入の組合員を主な対象とした学習会の開催を企画検討しています。

　今後のJA新いわてを担っていく新規加入の組合員に対し、当JAおよびJA事業に理解を深めてもらうとともに、自主的参加意欲を高め、協同組合意識の高揚を図ることを目的に実施し、JA新いわてを身近に感じてもらい、組合員のJA離れの抑制や組合員との繋がり強化を期待しています。

## 5．わがJAの将来展望（ビジョン）と戦略

　JAの現場である地域農業、地域経済の願いは、次世代の未来も含め「持続可能な農業、暮らしの実現」であると確信しています。

環境の激しい変化は、過去との訣別を求め改革を迫ってきます。いかなる大企業であっても環境を変えることはできず、「環境への適応力が企業の実力である」といわれているとおりです。

　私たちとしては、外的環境変化への対応のみならず、JAグループの内的事情として合併による広域化・大型化という環境変化への対応や、協同組合としての価値をどのように持続発展させていくかについて、各JAがそれぞれの地域性を踏まえたビジョンと戦略を立てることが必要な時代に突入しています。

(1)　地域農業の振興を通して地域活性化に貢献する

　当JAでは、2008年5月の広域合併の際、「日本一の産地チャレンジ運動」を掲げました。具体的には農畜産物販売額500億円の目標を掲げ、地域農業振興計画の中で地域農業振興対策を打ち出し、実践に取り組んできました。

　農家所得の向上に向けて、世間が認知・認識できる取組みが求められています。特に地域社会に対するJAが果たすべき「食と地域農業への役割と存在感を強化する取組み」が必要であり、これまでの地域農業振興計画の実践に加えて、以下の課題に取組んでいく事がさらに重要であると考えます。

◎販売力強化、付加価値による所得向上

　販売力強化として、地場流通の強化、地元の食の組織化、市場産地形成・ブランド化に向けた販売力強化にさらに取り組んでいきます。

　第一義的にJAの存在感を示すためには、販売力強化による所得向上策の実践が不可欠であり、本質的な農業所得の向上に向けた取組み課題といえます。

　JAグループの販売事業の体制は、基本的にJAと連合会とで機能分担されています。今後は段階別の機能分担の発想を超え、農業生産の主体ごとに、JAと連合会のタテ・ヨコの機能をいかに統合し、一体的に発揮していくかが重要になっています。

　これまで、主に野菜部門でJA全農いわてとのワンフロア化に取り組んできた経緯がありますが、これを園芸全体に拡大していくことにより、

これまで以上に有利販売につなげていきたいと考えています。

　また、これとは別に都市部JAとの連携を構築し、首都圏にパッケージセンターを設立するなどの拠点化を図っていきたいと考えています。

　2017年9月、JA全農いわての「いわて純情米県北広域集出荷センター"結"」が竣工しました。この施設は、「いわて純情米」の集荷・販売の拠点として、県内の生産者・全国の消費者ニーズに応え、トータル機能を果たすために新設されたものです。JAと一体となった集荷・販売体制を構築し、集約保管倉庫として活用することによる共計経費の削減につながるとともに、生産者手取りの向上等の事業効果が期待されています。

　こうした取組みは、従来の生産・集荷・流通・販売のやり方やJAと全農の機能を変えるものであり、リスクをともなうこともあります。このため、生産者・JA・全農一体となった検討が必要であり、こうした取組みにも果敢に挑戦していくことが、地域農業の振興ひいては農家所得の向上につながると確信しています。

(2)　**将来にわたって総合農協としてサービスを提供できる事業体をめざす**

　2019年度から監査法人監査に全面移行しますが、ここで監査証明が出なければJAの事業運営に重大な影響がでると想定されます。

　また、監査法人監査への移行は、金融庁検査になることであり、その点に大いに留意する必要があると認識しています。

　総合農協として生き残るためには、監査法人監査に対応できることが最低の必要条件であるとの認識・危機感から、現在、OB職員2名の専任体制で「内部統制の定着化」に取り組んでいるところです。

　これまで外部監査等では、ルールである規程・要領や事務手続きの設定はされているものの、周知や理解が十分ではなく、徹底されていないとの指摘を受けています。

　本来、ルールを所管する部署は、ルールを設定するだけではなく、その運用状況を確認し、不備（やることをやっていない）がある場合は要因分析をしたうえで改善策を講じなければなりません。しかし、同じ内容の監査指摘が繰り返されるなど、原因究明が十分に行われないままに

業務が行われていると言わざるを得ない現状にあります。今後は、専任体制の強化とPDCAサイクルを機能させていくための仕組み、具体的には検証しやすい形をつくることが重要であると考えています。とくに経済事業に関しては、パッとみて「うまくいっている」「いっていない」の判断ができないとPDCAは続きません。併せて「○○をしていれば合格」というだけでなく、何のために（何のリスクのために）それを実施しているのか、公認会計士に説明できる態勢整備が必要であると考えています。そのためにも後述する管理職の育成強化に力を入れていきたいと考えています。

### (3) 職場の活性化と人材育成

　前述したとおり、先行き不透明な状況のなかで、JA新いわてを揺るぎ無い存在感を放つものにしていかなければなりません。2017年度に策定した第八次３か年計画は、向う３か年のJA新いわての羅針盤となるものであり、実現可能性の高い計画にしなければならないという思いを持っています。

　その完遂のためには、職場の活性化とリーダーシップ機能の発揮が求められます。私は「改革期」とも称されるような急激な変化を乗り切ろうとするときにしなければならないのは何かと考えたとき、不測の備えとして資金や設備も当然必要ですが、決定的に大切になるのが「人財」であり、事業体の力量・実力はそこに働く役職員に規定されると考えます。

　JA新いわてを維持・発展させていくためには、自己改革推進力を高めていくことが重要であり、そのためには、それを担う中核的な人材を育て職務遂行能力を向上させることと、自分で考え工夫する機会を与えるなど、仕事に誇りを持てる様な職場の活性化を図っていくことの２点を同時にマネジメントしていかないと、３か年計画は「絵に描いた餅」になってしまうのではないかと心配しています。

　とくに、これからを担う中堅職員を鍛えること、責任を与えむずかしい仕事を任せる、助言をし、時には叱る。こういったなかで、将来、組織のリーダーとなって牽引する人材を育てていくことが必要だと考えて

います。

　そのなかでも、キーマンとしての管理職の能力向上が重要課題であると考えています。管理職の意識改革、行動改革なくして創造的自己改革は展開できません。

　これからの管理職に求められる役割とはいったい何かと考えた場合、トップの投げかける問題や情報が、段階を下がるにしたがって特定化され、具体的な行動へとつながっていくために、階層間の連結ピンの位置にいる管理者がその情報を"翻訳"し、意味づけをして、確実にブレイクダウンしていくこと。すなわち、上からの目標や方針の単なる伝達者ではなく、自らの創造性をフルに発揮し、日々実践活動を通じてそれらを具体化していく、戦略的意思決定者としての役割に他ならないと強く考えています。

　一方で、現場の声に耳を傾け、第一線で働く人たちのモチベーションや仕事に対する誇りを大切にすることも重要だと考えています。

　現場で起こっている課題や意見等に対し、それらを拾い上げ、まとめ、適切な対応をしていくこと。すなわち、ボトムアップによる伝達ルートをしっかりと確保し、運用することで職員の参加意識が高まり、そのことにより職員の主体的行動が促され、職場が活性化されていくと考えています。

　管理職の意識・行動改革により、トップの方針・思いを具現化していくことと、現場からの意見を拾い上げ、適切な対応をしていくことで職場の活性化を促進していく。この両面の流れが円滑になるようなマネジメントが、今後さらに重要になると考えます。

## (4)　農協改革の進展（すでに起こった未来）

　2016年4月1日施行された改正農協法、いわゆる今回の「農協改革」なるものは、政府・与党主導によるもので、JAグループから要望したものではありません。安倍内閣の成長戦略と規制改革から求めてきたものであり、詳細については周知の通りです。

　農協改革はJAグループにとって、新たな「うねり」として襲いかかっており、その早急な対応が求められています。同時に、その内容は

JAが到達するであろう「未来」の一つを今に示しているものではないかとも考えます。

　それらに対応しつつ、JAが将来ともにその存在価値を示すことができるよう、自己改革を進めていくことが重要であると考えます。

　文字どおり農業に立脚しているのが農業協同組合であり、日本の農業はきわめて地域性に富んだものです。農業の地域性が即JAの地域性となって反映していると考えています。

　この地域性を活かし、地域農業の振興を通して地域活性化に貢献していくことと、それを支える経営、特に人材育成に今後一層力を入れ、着実に、身の丈に合った自己改革を進めてまいります。

（農業協同組合経営実務　2018年1月号）

# 第9章

# 安心して暮らせる地域づくりを目指して
## ～ JA佐渡の農業・地域づくりビジョン～

前田　秋晴
新潟県・JA佐渡　代表理事理事長

 **1．佐渡とJA佐渡の概要**

### (1)　佐渡の概要

　当JAのある佐渡島は新潟市の西方45km、本土との最短距離32kmに位置する日本海上にあり、沖縄本島に次ぐ日本で2番目の大きさ（855k㎡、東京23区の1.4倍）の島です（図9－1）。

　島の北側が高さ1,000m級の大佐渡山地、南側が小佐渡山地で両山地

図9-1　佐渡の位置

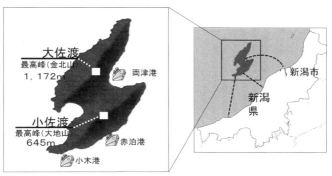

123

の中央部が約4,000haの穀倉地帯である国仲平野です。

気候的には、海洋性気候で対馬暖流の影響もあり、夏は本土より1～2℃低く、逆に冬は1～2℃高いことから県内でも最も積雪量の少ない地域の一つです。この気候の関係で、一つの島の中でリンゴとミカンが穫れる多様な農畜産物の島でもあります。

人口は57,000人弱であり、1年間に1,000人近く人口の減少する過疎・高齢化の著しい地域です（図9－2）。並行して主な産業である観光や建設、製造業も近年低迷を続けており（図9－3・4）、島の経済にとって、基幹産業として六次化を含め農業の振興策を図ることの重要度が高まっており、JAの存在意義がより問われる地域でもあります。

図9－2　佐渡市の人口の推移

| | 1960 | 1965 | 1970 | 1975 | 1980 | 1985 | 1990 | 1995 | 2000 | 2005 | 2010 | 2015 |
|---|---|---|---|---|---|---|---|---|---|---|---|---|
| 人口(人) | 113,29 | 102,92 | 92,558 | 87,504 | 84,942 | 81,939 | 78,061 | 74,949 | 72,173 | 67,386 | 62,727 | 57,262 |

図9－3　観光客数の推移

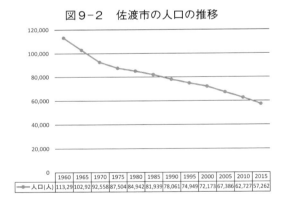

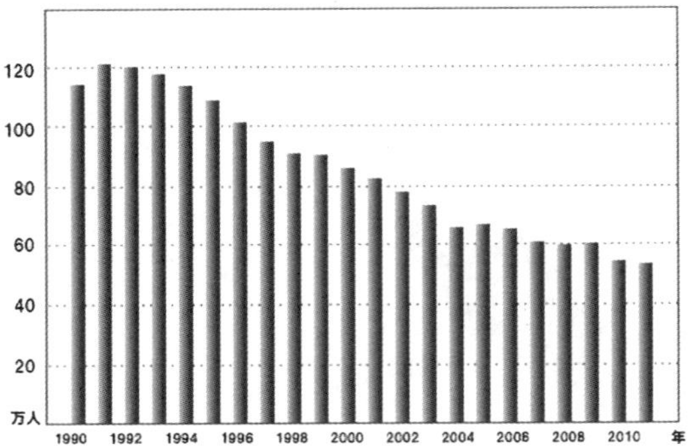

第9章　安心して暮らせる地域づくりを目指して

## (2) 佐渡の農業

江戸幕府と共に栄えた佐渡金山の隆盛によって人口が増加し、この食糧を賄うため島内には多くの棚田を含め広く水田が整備されたことから、佐渡農業（耕作面積；約6,000ha）の中核は水稲であり、その他、特産であるおけさ柿や洋ナシのル・レクチェ、イチジク、リンゴ、ミカンなどの果樹栽培、そして和牛繁殖に酪農など、規模は小さいが一つ島にあって多様な農業が営まれています。

ただ、基幹的農業従事者のうち65歳以上の占める割合が78％と高く、県平均（70％）よりも10年早く高齢化が進行しています。

## (3) JA 佐渡の概要

1974年に第一次合併で島内の18農協が合併してJA佐渡が誕生し、平成5年に第二次合併で5JAが合併し、現在に至っています。その概要は図9−5の通りです。当JAは四つの子会社を有し、JA佐渡グループとして事業展開をしています。グループ全体の役職員数は約690人で、島内ではもっとも大きな民間団体です。

組合員数は15,680人で、やはり正組合員数の減少傾向は進んでいますが、総合ポイント制度導入による組合員加入メリットの見える化等により准組合員数は増加しており、島内人口の減少が進むなかにあっても、総組合員数はほぼ横ばいを維持している状況です（図9−6）。

2016年度の事業総利益は約29億円であり、そのうち信用・共済事業の

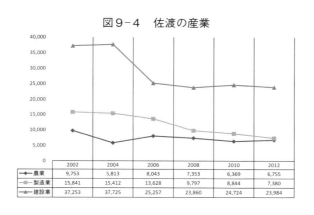

図9−4　佐渡の産業

ウェイトが49.6％、県平均の57.9％に比べ8.3ポイント低い状況にあります。当JAは新潟県内でも農業関連等経済事業のウェイトの高いJAと言えます。関連施設としてカントリーエレベーターやライスセンターはもとより、家畜市場や青果物市場、柿の共同選果場、和牛肥育センターや和牛繁殖支援施設、そして生乳プラントなど、各種の農業関連施設をJAが独自に持っており経営的には非常に大変ですが、離島という環境下にあっても、多様な農業の振興策に取り組んできた先人達の思いが込められた経営形態でもあります。

図9-5　JA佐渡の概要（H29.2期）

| 【組織】 | |
|---|---|
| ◎組合員数 | 15,680人 |
| 正組合員 | 8,215人 |
| 准組合員 | 7,465人 |
| ◎役員数 | 30人 |
| 経営管理委員 | 22人 |
| 理事 | 4人 |
| 監事 | 4人 |
| ◎職員数 | 446人 |
| 正職員 | 315人 |
| （うち営農指導員 | 56人） |
| 臨時職員 | 131人 |

| 【事業】 | |
|---|---|
| 貯金 | 1,124億円 |
| 長期共済（保障） | 142億円 |
| 貸出金 | 4,088億円 |
| 販売品取扱高 | 66億円 |
| 購買品取扱高 | 49億円 |

【子会社】
(株)コープ佐渡（セレモニーホール・精米工場など）
(株)佐渡乳業（牛乳・乳製品製造、販売）
(株)JAエーコープ佐渡（Aコープ8店舗）
(株)JAファーム佐渡（JA出資農業生産法人）
以上4社

図9-6　JA佐渡の組合員数の推移

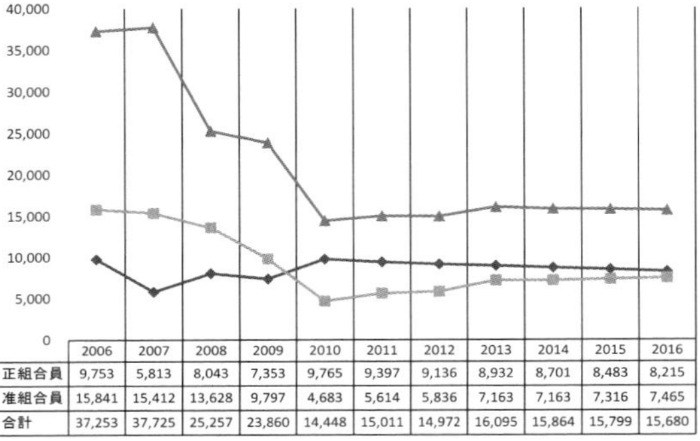

| | 2006 | 2007 | 2008 | 2009 | 2010 | 2011 | 2012 | 2013 | 2014 | 2015 | 2016 |
|---|---|---|---|---|---|---|---|---|---|---|---|
| 正組合員 | 9,753 | 5,813 | 8,043 | 7,353 | 9,765 | 9,397 | 9,136 | 8,932 | 8,701 | 8,483 | 8,215 |
| 准組合員 | 15,841 | 15,412 | 13,628 | 9,797 | 4,683 | 5,614 | 5,836 | 7,163 | 7,163 | 7,316 | 7,465 |
| 合計 | 37,253 | 37,725 | 25,257 | 23,860 | 14,448 | 15,011 | 14,972 | 16,095 | 15,864 | 15,799 | 15,680 |

第9章 安心して暮らせる地域づくりを目指して

## 2.（変遷1）「農業ビジョン」「経営ビジョン」の策定

　現在、全国のJAとJAグループは、総力をあげてJAの自己改革に取り組んでいますが、当JAもまた全国のJA同様、従来より農業生産の拡大等に取り組んでおり、ここ10数年の変遷を通じて取組みの概要を紹介します。

　2004年、当地を襲った台風15号によって、主力である佐渡米において作況51％、一等米比率17％という甚大な被害となり、小売店の棚から佐渡米が消えたこともあって、以来2年間は過去に経験のない販売不振に陥りました。その他にも大きな不良債権の顕在化や経営の不安定化などもあって、組合員からもJAへの不信の声が生まれ、職員のモチベーションも著しく低下しました。

　個別具体的な対策だけではこの状況の打破にはつながらないとの判断から、抜本的改善策としてJA佐渡と佐渡農業の将来像、つまり進むべき方向性を明確にすることとしました。

　この結果生まれたのが、平成19年に決定されたJA佐渡「農業ビジョン」であり「経営ビジョン」です（図9-7）。以来、これを基本方向とすることが組合員をはじめ役職員で共有され、各事業やJA運営においてぶれることなく戦略・戦術を組み実践することが可能となりました。

図9-7　JA佐渡「農業ビジョン」「経営ビジョン」

| JA佐渡・農業ビジョン | JA佐渡・経営ビジョン |
|---|---|
| 日本一安心・安全でおいしい農産物の島「佐渡」の実現を | 地域の未来を育むJAに |
| ●「人とトキの共生する島」をめざす農業<br>・地域と一体でつくる、生きものを育む農法による生物多様性の島<br>・恵まれた自然を活かした、日本一安心で高品質な農畜産物 | ●力強い販売力を中核に、地域の発展をめざすJA<br>・「販売」を中核とした営業事業の展開<br>・佐渡ブランドの確立と直販力の強化 |
| ●多様な担い手の育成による活力ある農業<br>・地域農業の中核となる担い手経営体の育成・確保<br>・複合営農の推進と定年就農者や女性など、多様な担い手への支援 | ●情報の共有と参加・参画による、活力あるJA<br>・組合員が主人公となって運営するJA<br>・協同活動によって心豊かな地域づくりをめざすJA |
| ●生産者と消費者が共感できる農業<br>・消費者と生産者の交流で築く相互理解<br>・地産地消、食農教育による豊かな食文化の再生 | ●健全な経営による、力強いJA<br>・組合員事業への結集によって協同の力が発揮されるJA<br>・競争力に優れ、良質で安心なサービスが提供できるJA |

127

# 3．（変遷２）農業生産の維持拡大に向けた取組みの実践

(1) 担い手対策
① TACの立ち上げと活動の充実
　中核的担い手への農地の集積が進むなか、担い手とJAとの結びつきを強化することが地域をあげて農業振興策を図るうえで必須の課題であり、U・Iターンの新規就農者支援も含め、2008年にTAC（営農経済渉外）を立ち上げました。
　活動目的は、中核的担い手と新規就農者への支援を第一義とし、主な活動内容は、訪問による営農技術・各種補助事業活用提案、新規就農者に対する就農支援と就農後支援、生産組織の法人化支援、さらにWeb農業簿記システム活用による担い手への経営管理支援や個別提案の経営改善提案会の実施などとなっています。
　とくに近年は、農地中間管理機構の業務受託機関としての農地の集積や、JAグループの「にいがた農業応援ファンド」を活用した担い手支援にも、JA内の部門間連携の充実を図りながら取り組んでいます。

② JA出資型農業生産法人の立ち上げ
　2012年7月にJA出資型農業生産法人「㈱JAファーム佐渡」を立ち上げています。当時も担い手の高齢化率が県平均の10年先を行くという現実があり、JAが直接に農業生産法人設立に踏み出さなければならないという状況認識によるものでした。
　ただ、単なる担い手不足による耕作放棄地対策ということでは持続可能性の弱いことが明らかであり、めざすべき佐渡農業の姿を具現化する法人となるべく、設立目的を「複合営農モデルの実践」と「担い手の育成」の2本に絞りました。
　現在、水稲、おけさ柿・加工柿、アスパラガスなどの栽培面積は当初の目標面積を超え、併せて数名の新規就農者を送り出しております。懸念した収支についても、当初目標とした3年で単年度収支の黒字化を計画通り達成しています。

第9章　安心して暮らせる地域づくりを目指して

### ③おけさ柿担い手育成塾の開校

　おけさ柿の産地維持上の最大かつ焦眉の課題が新規担い手の確保であったことから、2015年度より「おけさ柿担い手育成塾」を開設しています。1期2年で生産技術、より付加価値を高める加工柿生産、さらにおけさ柿経営についても学ぶ場としています。現在、2期生と3期生が入塾し研修を積んでいます。

### (2)　地域営農ビジョンの取組み

　2013年、当時の「人・農地プラン」により、農地の集積は進むものの、農業の生産基盤強化に必要な多様な担い手の育成や中山間地対策、そして複合営農の推進という視点が弱かったことから、各支店を単位に「地区営農ビジョン」策定運動に取り組みました。従来のトップダウン方式によるのではなく、各支店独自に農業振興策等（法人化、複合営農、地域イベント、コメの品質向上対策など）を組合員の代表者からなる支店運営委員会が中心となって検討していただきました。

　現在、当時とはメンバーも変わり、支店によって濃淡はありますが、協同組合運動の原点である組合員の参加・参画による地域農業・地域づくりについて協議と実践が行われています。

### (3)　豊かな地域資源を活かした高付加価値農業への挑戦

　政府の「農林水産業・地域の活力創造プラン」（以下、活力創造プランという）では、付加価値の向上もうたわれているものの、コストダウンによる「強い農業づくり」にウェイトが置かれているように感じます。

　一方、当地のような離島という生産環境を考えるとき、農業生産コストの低減も大切ですが、島という地域特性を活かし「こだわりの産地」として付加価値を高める取組みの方が、農業所得の向上という観点からはより有効であると考えていました。

### ①佐渡の地域資源と佐渡米の取組み

　当地は、わが国で唯一、平成20年からトキの野生復帰に取り組む地域であり、2017年現在280羽を超えるトキが野生下で大空を舞っています。野生下での生存率は78％となっており、同じく野生復帰に取り組む中国の71％を上回っています。

129

この要因の一つが、野生下にトキの餌が十分に確保されているためといわれています。これは2007年から島をあげて取り組んできた水田農業における環境保全型農業※1と2008年からの生物多様性農業※2の取組みの成果であるといえます。今では佐渡の水稲栽培のほぼ100％が５割減減栽培※1以上の栽培となっており、トキだけでなく人を含むあらゆる生きものに優しい農法が実践されています。

　また、水田農業にあっては、ネオニコチノイド系農薬は不使用としています。さらに畦畔もまたトキにとっての「大切な餌場」と位置づけ、畦畔除草剤を使用せず畦畔草刈り機等による「緑の畦畔づくり」に島をあげて取り組んでおり、生物多様性農業と認定する際の要件の一つとしています。

　このように生物多様性農業を佐渡農業振興の中核に据え、さらに2017年からは「JA佐渡自然栽培研究会」を立ち上げ、肥料や農薬を一切使用せず水田に存在する光合成細菌の力を最大限に活用するという究極の生物多様性農業にも挑戦を始めています。

　さらに佐渡米ブランド戦略の最大課題として残った品質向上対策については、2013年から「佐渡米未来プロジェクト品質向上90」を立ち上げ、毎年延べ400会場（圃場）で徹底した現地指導会を実施し一等米比率の向上に取り組んでいます。一方で、地球温暖化にともなう異常気象へのリスク・ヘッジのため、市・JAからの支援策を前提に色彩選別機の普及を併せて行っています。

　現在ではこれらの取組みを「佐渡米憲章」にまとめ、安心・安全や美味しさは当然の前提として、生物多様性や里山の保全、消費者との交流を大切にし、水田農業に端を発する文化・伝統・芸能を次世代につなげることをめざした佐渡米づくりに取り組んでいます。

※1 「環境保全型農業」、「５割減減栽培」；化学由来農薬と化学肥料を慣行栽培比で５割以下に削減する農法
※2 「生物多様性農業」；環境保全型農業に「生きものを育む農法」（江、魚道、ビオトープの設置や生きもの調査の実施など）を組み込んだ農法

## ② GIAHS 認定と佐渡米の評価

　佐渡におけるこれらの取組みに対し、2011年に能登と共に先進国で初めて、当然、国内初となるGIAHS（ジアス、世界農業遺産）認定をFAOから受けることとなりました。

　また、先の取組みと並行して営業力の強化に取り組んだことで、消費者・実需との結びつきの強化につながり、主食用米の厳しい需給環境ではありますが、1998年代後半に経験した販売苦戦の状況は脱し、佐渡米の販売環境の着実な改善につながっています。

　これらは、佐渡米という一つの事例ではありますが、地域資源を最大限に活用し、佐渡産農産物をどのドメインに位置づけるのか、そのうえで消費者やマーケットに支持される農畜産物とは何かを見極め、地域を挙げて取り組んできたマーケットインの成果であったと考えます。

## 4．農協改革・JA自己改革に関する評価

### (1) 連合会において

　本来、JAグループは生産者・組合員本位の事業展開を図るべきであることは当然のことです。しかし、連合会はその組織の大きさと生産者との距離感ゆえに、一単協から見て生産現場の声が事業運営に必ずしも十分に反映されていたとは言い難い部分もあったと感じておりました。

　しかし、今回の農協改革とこれに対するJA自己改革を通じ、連合会という大きな山が、まさに生産者目線での改革に大きく舵を切ったと感じています。今回の農協改革等に関し、一単協の役員として素直に評価したいと思います。

### (2) 当JAにおいて

　当JAもまた、厳しい農業生産構造の劣化の状況にあっても、従来から農業所得の向上等に取り組んできたという自負心はありました。しかし、今回の自己改革を通じ、今までの取組みをさらにバージョンアップしなければならない、と改めて自覚しています。逆に言えば、過去の取組みの不十分さを謙虚に反省し、JAグループの自己改革の取組みを評

価し、当JAとしても真摯に取り組まなければならないと思います。

## 5．JA佐渡版自己改革の実践

### (1) 基本方向の決定 ～第8回組合員大会において～

当JAにおける自己改革の取組みの基本方向については、2015年から検討を開始しました。検討機関は、総代、組合員組織、生産者部会そして当JA役員など、組合員各層の代表からなる審議委員を中心に検討を重ね、地区別総代懇談会や地域座談会での組織協議を経て、3年に一回開催の第8回組合員大会（2016年3月）において、JA佐渡版の自己改革実践の方向性を決定しました。

この組合員大会の基本テーマを「佐渡だからできる農業を核とした協同の力による『豊かな地域づくり』」とし、従来、当JAが取り組んできた方向性を踏襲しながらも、かなり果敢な取組みが必要であるとの情勢認識のもと、「農業所得の向上」「農業生産の拡大」そして「地域の活性化」に組合員の総力を挙げて取り組むこととしました。

### (2) 第8次中期3ヶ年計画の決定と工程表の策定

この基本方向の決定を受け、同年5月の第23回通常総代会では、JA佐渡版の自己改革を織り込み、かつ、より具体化した第8次中期3ヶ年計画（2016～2018年度）を決定しています。さらに、この中期計画に基づき「自己改革工程表」を作成するとともに、各単年度計画の策定とそのアクションプランを作成し、具体的実践策の明確化と目標管理に取り組んでいます。

### (3) JA佐渡版自己改革の主な内容
### ①農業生産の拡大 ～米・園芸・畜産の3本の柱～

当JAの農産物販売高の約8割が米であり、コメに偏重した生産構造となっています。佐渡が将来にわたって農業を基幹産業とし、六次化や観光との連携によって地域経済の活性化に貢献するためには、コメ偏重の生産構造ではあまりにも脆弱です。そこで当JAでは、この米に園芸（果樹・蔬菜）と畜産（酪農・和牛繁殖）を加えた3本の柱による振興策に取

第9章　安心して暮らせる地域づくりを目指して

り組み、飼料用米や WCS（稲発酵粗飼料）、優良堆肥の供給などを通じ、耕種農家と畜産農家との連携による相乗効果をも目指すこととし、地域内循環型農業の確立と、多様な担い手による多様で持続可能な農業振興に取り組むこととしています。

　すでに和牛繁殖支援施設の建設に着手するとともに、離島における酪農ゆえに必要となる生乳プラントの機能向上対策に着手し、併せて粗飼料供給や堆肥供給などの組織づくりに取り組んでいます。これらによって、農業生産の拡大と畜産農家・耕種農家の所得向上をめざすこととしています。

　園芸にあっては園芸生産30％アップを掲げ、直売所を中心に多様な農産物の生産拡大に取り組むとともに、特産品である「おけさ柿」が樹自体の更新期にきていることから、女性でも栽培が容易になるジョイント栽培（苗木の連結によって低樹高化と早期成園化を図る改植方法）による改植を推進しています。さらに、島外向け移出額のアップをめざし、アスパラガスの産地化に取り組んでいます。

②農業所得の向上
　〜付加価値の向上とコスト低減による農業所得の向上〜
　佐渡米については、先に述べた通り当地ならではの特色を活かし、差別化又は付加価値向上による農業所得の向上に取り組んでいます。他の農畜産物においても同様に、地域資源を活用しマーケットインによる付加価値の高い農畜産物生産に取り組むこととしています。

　この他、佐渡産乳製品や佐渡米を使用し、関連企業や観光業との連携による六次化の取組みを行っています。

　生産コストの低減対策としては、肥料・農薬において JA 独自の大口予約奨励や、組合員参加によって物流コストを抑えるという自己引取値引きや早期納品奨励など、各種奨励措置の拡充や新設に取り組むとともに、2017年の予約肥料については、平均で約10％の価格引き下げを行いました。

　また、燃料事業においては、農繁期における値引きキャンペーン等の取組みを通じ、農業用燃料コストの引き下げを行っています。

生産費の中でももっともウェイトの高い農業機械のコスト低減策については、事前・事後点検活動や格納整備・保管事業の実施など、大型化する農業機械の長寿命化等に取り組むとともに、農機レンタル事業の実施等によりトータルでの機械化コスト低減に取り組んでいます。

③ 鮮明になった今後の課題

一連の取組みを通じ、農機の本体価格や農薬・生産資材などの生産コスト低減策については、1JAだけの取組みでは限界のあることも痛感しています。活力創造プランにある国による業界再編やジェネリック農薬の普及拡大、さらにJA全農における自己改革の取組みと並行して取り組まなければならない課題であると認識しています。

## 6．過疎地における協同の価値とJAの使命
〜地域活性化の視点から〜

### (1) ライフラインとしての外海府スタンド

この給油所のある外海府という地区は、佐渡の北部、外海に面した海岸地帯であり、8集落で構成された地域です。佐渡全体が過疎地域ではありますが、中でも特に過疎化の著しい地域の一つです。

この地域で海岸線に沿って延べ25km以上の間に唯一存在するガソリンスタンドが当JAの「外海府スタンド」です。唯一の公共交通機関であるバスも走ってはいますが、過疎地ゆえに利便性は低く、自家用車は移動手段として必須の地域であり、農業用燃料の供給を含め、まさにこの給油所は地域におけるライフラインでありました。ただ、人口減少による車両台数の減少もあって、年間取扱量は油種全体を合わせても130kℓ程であり、当JAで最も取扱量の多いスタンドの10日分の取扱量という極めて小規模の給油所でした。

### (2) 地下タンク40年ルールと「燃料事業の基本方針」

2011年消防省令の改正により、スチール製地下タンク（単層構造）の使用年限が40年と定められたことから、当JAの「燃料事業の基本方針」上も、同給油所は地下タンク埋設後40年の経過する2017年5月をもって

第9章　安心して暮らせる地域づくりを目指して

閉鎖することとしておりました。
　当然、この基本方針を事前に地域に説明するなかで、地域からは強い存続要望の声が寄せられました。しかもその要望の内容は、過疎高齢化の現状を踏まえ、大きな投資を要する地下タンクの更新ではなく、省令等に規定する10年間の延命工事を行って欲しいというものでした。
　ただ、延命工事を行うにしても、投資額が事業として回収可能であることが見通せるものでなければならず、工事実施にあたっては前提条件を設定しました。この前提条件は、地域限定の施設であることから地元組合員から工事費の25％の増資協力のあること、さらに取扱量の小さいことから１／３以上の補助金等があること、というものであり、この前提条件を満たす場合に限り延命工事を行うという前提で、先の基本方針の変更を行いました。

### (3) 地域からの協力とJAグループからの支援

　この前提条件に沿って、地域のみなさんからは、新たに准組合員加入をいただいた方を含め、ほぼ全戸からの増資協力を頂き、その増資額は当初当JAが要請した金額の２倍近い117万円余の増資となりました。さらに補助金等については、JA共済連よりライフラインの維持を図るため「JA地域貢献活動促進助成金」を拠出いただきました。
　これを受け当JAは、2017年３月に地下タンクの漏洩対策工事を行い、10年間、同給油所を維持するという地域の熱い要望にお応えすることができました。

### (4) この小さな一つの事例から　～共助の力～

　民間の給油所であれば恐らく閉鎖されたであろう外海府スタンドが存続可能となった要因は、この給油所がほかに代替えのきかない地域のライフラインであったこと、そして、JA自己改革で「地域の活性化」を謳いながらもライフラインを廃止することは、当JAにおける自己改革方針と現実対応との間の矛盾であったからです。
　この矛盾を払拭する術が、営々と培われてきた地域とJAグループによる共助システムでした。過疎地域であればあるほど、地域は共助という地域力によって支えられ、ここに（株式会社ではなく）民主的組織で

135

あるJAグループが結びつきを深めることで、地域の持続可能性が維持されるということの証左となる事例であったと感じています。

活力創造プランの前段では「『産業政策』と『地域政策』を車の両輪」と規定しながらも、産業政策としての「農協改革」に偏重するあまり、これに基づく農協法改正を見ても、地域の共助システムとこれと不離一体の関係をなすJA組織によって地域インフラが守られ、地域の持続可能性が保たれてきたという事実評価が欠落しています。過疎地域のJAにあるからこそ残念であり危惧するところです。

さらに、外海府地区は漁業もまた生業とする地域でもあり、仮に将来、准組合員事業利用規制が導入された場合、今ある地域インフラ機能の存続すらも危うくすることとなり、「地域政策」にまったく逆行する政策となることに危惧の念を禁じ得ません。

## 7．終わりに　～当JAの目指すべき方向～

当JAは、長期ビジョンとして「農業ビジョン」と「経営ビジョン」を掲げ、少なくともここ10数年、マーケットインの発想に立って消費者から支持される産地を目指し、役職員はもとより生産者を巻き込んだ「挑戦」の連続であった思います。

しかし人口減少や高齢化、産業の低迷という環境が継続している以上、改めて当JAも自己改革に真正面から取り組む必要があります。

(1) **強い農業づくり**

われわれの考える「強い農業づくり」とは、コストダウンも大切ですが、マーケットインの発想に立って、消費者・実需のみなさんと産地との結びつきの強化こそが大切であると考えます。

このため消費者の期待と信頼に応える農畜産物づくりと地域資源を活用した「こだわりの産地」として今後も挑戦し続けることが必要であり、各生産者部会など組合員の主体的な活動強化がその中核を担います。

また、この産地の取組みを生産者と消費者との交流や情報発信を通じて相互理解を深めることに、今後とも継続して取り組んで行きます。そ

の意味で最も大切な提携先の一つが生活協同組合であり、すでに佐渡米の約3割は生協向けに販売されていますが、物だけでなく息の長い人の交流も継続されるべき重要な取組みと考えています。

### (2) 各種業態との多様な連携の必要性

　過疎化の進む当地にあって、漁協などとの協同組合間提携は、組合間共助として取り組むべき課題です。さらに、製造業や建設業を中心にいくつかの島内企業のみなさんがすでに農業参入をしています。担い手対策として、これらの企業との連携も積極的に取り組むべき課題です。

　また、佐渡産農畜産物の地産地消と六次化を進めるうえで、島内の観光業や食品関連企業とのさらなる連携が必要です。

### (3) 地域づくりとJAの役割

　「強い農業づくり」も重要ですが、その前提として佐渡に住む人（生きものを含む）が、安心して暮らせて農業生産等に取り組めるという、持続可能な地域づくりに貢献することも、JAにとって大切な役割です。

　当地にあっては、先人の取組みによって、医療・福祉、金融、Aコープ店舗、ガソリンスタンド等々、安心して暮らしていくための生活インフラ機能をJAグループが中核的に担っています。今後も行政や関係機関、他産業と連携するとともに、地域のコミュニティと地域の共助によって生活インフラ機能を維持し続けることも、JAグループの重要な使命です。

　農業の成長産業化という経済政策にのみ偏重され、その動向によっては、准組合員事業規制や信用事業分離が俎上に上がっていますが、これらは「農業の成長産業化」にも、またその前提となる「持続可能な地域づくり」にも逆行するということが、過疎地のJAであるが故に、より鮮明に、かつ大きく危惧されます。このことを広く国民に理解いただく運動の大切さを改めて痛感しています。

（農業協同組合経営実務　2018年2月号）

# 第10章
# JA山口宇部のアクティブメンバーシップ強化に向けた活動実践

安平 友員
山口県・JA山口宇部総合企画室組合員地域対策課

 1．JA山口宇部の概要

　JA山口宇部は、山口県南西部に位置し、宇部市・山陽小野田市・山口市阿知須にまたがり事業活動を展開しています。管内は、北は中国山系、南は瀬戸内海に面し、厚東川・有帆川・厚狭川の三大河川が瀬戸内海に注ぐ流域には耕地が開けています。温暖で雨が比較的少ない瀬戸内海式気候で自然豊かな地域でありながらも、石炭やセメントで栄えた都

表10−1　JA山口宇部の概要

| | |
|---|---:|
| ◎総資産 | 1,406億円 |
| 貯金 | 1,292億円 |
| 貸出金 | 271億円 |
| 長期共済保有高 | 5,656億円 |
| 購買品取扱高 | 18億円 |
| 販売品取扱高 | 23億円 |
| 出資金 | 18億円 |
| ◎組合員数 | 22,225人 |
| 正組合員 | 7,334人 |
| 准組合員 | 14,891人 |
| 単体自己資本比率 | 13.56% |

139

市として交通網が整備されているほか、山陽新幹線、山口宇部空港もあり、交通輸送体制にも恵まれた環境下にあるといえます。

農業形態は水稲を中心とした複合経営が主体で、水稲作は国道を境とした線北・線南Ⅰ・線南Ⅱの3エリア、阿知須・宇部・小野田・山陽の4ブロックに整理し、地域に適した農業生産に取り組んでいます。

また、宇部市小野地区には茶園があり、1か所に約70haも広がるその様子が絶景なことから、「西日本一の規模を誇る大茶園」ともいわれています（図10-1）。

## 2．変革

JA山口宇部は1995年4月に2市3町の管内6JAが合併し、今年で23年目を迎えました。設立当初は15支所11出張所ありましたが、2007年2月の支店再編と現在進めている事業実施体制整備により平成30年度には9支店3出張所とする計画で、支店機能の見直し強化による組合員・地

図10-1　西日本一の規模を誇る大茶園

第10章　JA山口宇部のアクティブメンバーシップ強化に向けた活動実践

域利用者への充実したサービス提供に努めています。

　また、2015年度には「JA山口宇部農業振興ビジョン」を策定し、担い手の育成、水田をフル活用した営農体系の確立、需要に応じた農畜産物を生産する山口宇部ブランドの確立に取り組んでいます。

　さらに同年、今後の公認会計士監査移行に向けた準備として、固定資産減損会計における経済事業資産のグルーピング見直しと、農林年金特例業務負担金の引当金計上などの会計処理を実施しました。また、金融部門からの審査担当部署分離、資金運用担当部署と事務指導担当の設置と体制整備を進め、総合事業を行うJAとして自己改革の実践に向け取り組んでいます。

## 3. 第6次中期経営計画と自己改革プラン

　2016年4月に改正農協法が施行され、農協改革集中推進期間も1年半を過ぎていたなか、JA山口宇部も第6次中期経営計画（平成28～30年度）および自己改革プランを策定しました。「組合員のくらしを豊かにすること」を目的に、「農業者の所得増大・農業生産の拡大」「地域の活性化」「組合員との繋がり強化」の三つを基本目標として、自己改革を実践することと定めました（表10-2）。

　今回のアクティブメンバーシップは「組合員との繋がり強化」と位置づけ、組合員の意思反映・運営参画の強化、准組合員の農に基づくアクティブメンバーシップの強化など、四つの重点施策を盛り込んでいます。それにあわせ、組合員・地域に向き合う対応を進め、組合員・地域から必要とされるJAづくりを実践し、アクティブメンバーシップ強化を図るため、2016年3月にそれを企画実践する組合員地域対策課を新設しました。

**4．准組合員の役割と位置づけ**

(1) **食料・農業・農村基本法からみる准組合員の役割**

　2014年6月からの農協改革集中推進期間、JAは組合員目線に立った組合員の負託に応えられるJAづくりと准組合員の事業利用のあり方に向けた対応をこれまで以上に進めていく必要がありました。そして、地域農業におけるJAの必要性を訴求するには、JA内からの声が重要であり、特に准組合員と地域農業をどう繋げていくかが今後の活動を進めるためのポイントでした。

　そうしたなか、食料・農業・農村基本法第12条では消費者の役割が示されており、「消費者は、食料、農業及び農村に関する理解を深め、食料の消費生活の向上に積極的な役割を果たすものとする。」と記述があります。つまり、准組合員にも日本の農業と食の安全を守る役割が求め

表10-2　自己改革プランの目的および基本目標

---

■**目的**
　JA山口宇部は『組合員のくらしを豊かにすること』を目的として、活動・事業に取組みます。

■**基本目標**
　JA山口宇部は目的の達成に向けて、次の目標を実践します。
　○ <u>『農業者の所得増大』『農業生産の拡大』</u>
　　　・農業者の経済的豊かさと消費者への持続的・安定的供給
　　　・「JA山口宇部農業振興ビジョン」に基づく地域農業の振興
　○ <u>『地域の活性化』</u>
　　　・くらしやすい地域社会の実現
　　　・組合員・役職員の地域愛を育む活動の実践
　○ <u>『組合員との繋がり強化』</u>
　　　・組合員と向き合う意識改革、役職員の意識・行動改革
　　　・組合員にありがとうと言ってもらえる活動・事業への取組み

第10章　JA山口宇部のアクティブメンバーシップ強化に向けた活動実践

られていたのです。

## (2) JA山口宇部における准組合員の位置づけ

　2017年2月17日付の日本農業新聞に滋賀県立大学増田教授の「准組合員問題を考える」という記事がありました。そのなかで、准組合員の位置づけは、地域性もあり一律的なものは困難ということから、「それぞれのJAが考えて、決めて、対応を」と提案されていました。

　当JAは、自己改革プランにおいて、准組合員イコール地域農業の応援団と位置づけはしましたが、正直なところ、それを漠然としか捉えることができませんでした。そこで、今年度はその応援団を「農を営む・知る・食べる・支える」の4定義に分類したところ、アクティブメンバーシップにおける「認知→利用→参加→参画」というサイクルにも繋げやすくなり、それぞれに対してどのような取組みをしたらよいのかが考えやすくなったのです（図10-2）。

図10-2　地域農業の応援団の定義

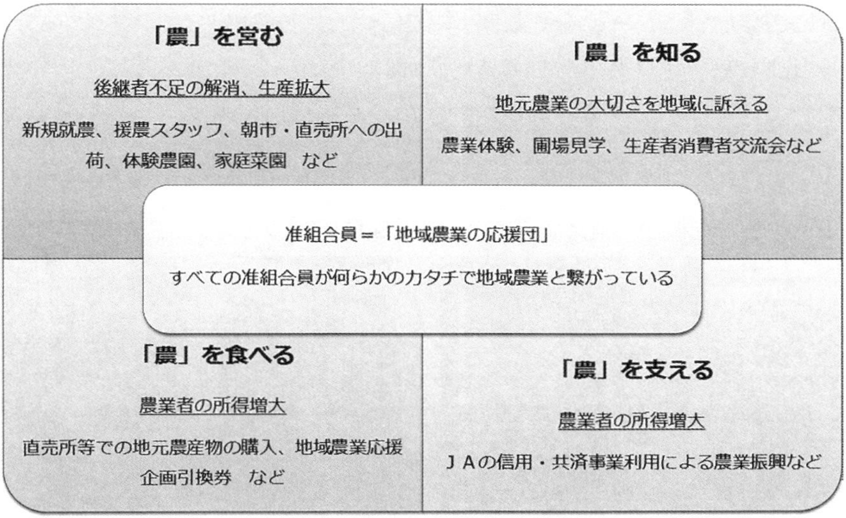

| 「農」を営む | 「農」を知る |
|---|---|
| 後継者不足の解消、生産拡大 | 地元農業の大切さを地域に訴える |
| 新規就農、援農スタッフ、朝市・直売所への出荷、体験農園、家庭菜園　など | 農業体験、圃場見学、生産者消費者交流会など |
| 「農」を食べる | 「農」を支える |
| 農業者の所得増大 | 農業者の所得増大 |
| 直売所等での地元農産物の購入、地域農業応援企画引換券　など | JAの信用・共済事業利用による農業振興など |

准組合員＝「地域農業の応援団」
すべての准組合員が何らかのカタチで地域農業と繋がっている

## 5．具体的活動事例

### (1) 農を営む活動

　准組合員の正組合員化への道筋づくりを目的として、畑がなくても野菜作りが楽しめる「プランター農家になろう」を企画し、准組合員や地域利用者を対象にして、普段土に触れる機会の少ない方々に、まずはプランターで土に触れるきっかけをつくることで農業への興味や関心、親しみやすさを感じていただくことにしました（図10-3・4）。

　春はスイカとミニトマト、秋にはスティックセニョールとつぼみ菜の植付け体験を企画したところ、延べ200組以上の参加となり、私たちの予想以上に農業への興味や関心が高いことに驚きました。

　今回、農産物直売所、デイサービスを併設する支店で開催しました。応援スタッフのみならず、直売所でのイベント開催や参加者のために職員駐車場を開放するなど、部門を越えた連携ができました。

　また、植えつけ後には、管理・収穫方法を中心としたフォローアップ講習会、電話やメールによる対応、さらには栽培ブログ（http://jaubeplanter.blog.fc2.com/）も立上げ、はじめての方でも安心していただけるサポート体制を構築しています。実際にフォローアップ講習会には半数以上の方にご参加いただき、真剣な眼差しがとても記憶に残っています。

　当課も栽培ブログ用として本店正面にプランターを並べ栽培していますが、スイカがツル枯れ病にかかったり、収穫前にカラスに食べられた

図10-3　プランター農家になろう①

図10-4　プランター農家になろう②

第10章　JA山口宇部のアクティブメンバーシップ強化に向けた活動実践

りと、四苦八苦しながらも参加者と同じ気持ちで楽しく成長を見届けています。

(2) 農を知る活動
①元気‼　朝市応援し隊

　当JAでは、朝市は単に地元農産物を販売する場だけではなく、生産者同士の情報交換の場、生産者と消費者が直接繋がりを持つことのできる場として「地域の重要な役割を担う拠点」と位置づけています。

　そのようななか、この取組みのきっかけは、ある朝市との意見交換会でした。その朝市がある地区は決して人口の多い地区とはいえず、当JA事業実施体制整備計画の対象支店で、昨年7月に整備実施しました。整備計画段階でその朝市と今後について話し合っていると、「JAで私たちの朝市をPRしてもらえないだろうか」と依頼を受けました。

　せっかくなら管内12朝市全部をPRしようということになり、PR動画の撮影を始めました。現在、PR動画は当JAホームページ（http://www.jaymgube.or.jp/）と動画配信サイトYouTube（「JA山口宇部YouTube」で検索）で閲覧可能、当JA情報誌「ふれあい」の特集記事とし

表10-3　JA山口宇部管内朝市

| |
|---|
| 東岐波ふれあい朝市 |
| 西岐波やさいくらぶ |
| 西岐波フレッシュ朝市 |
| 宇部支店女性部ふれあい朝市 |
| 二俣瀬ふれあい市場 |
| レインボウおの |
| 小野田新鮮夕市 |
| 高千穂ふれあい朝市 |
| 有帆朝市会 |
| あいでませ吉部 |
| ゆめ市場川上 |
| 埴生ふれあい市場 |

ても紹介しました（図10-5）。

　撮影にあたり、すべての朝市へ足を運びましたが、生産者同士の絆、消費者とのつながりを強く感じ、それが当JAでの朝市の位置づけに繋がっています。同時に、生産者の思いと悩み、消費者の感謝と期待の声を聞いて、はじめて朝市を継続する重要性を認識しました。

　今年度は少し踏み込んだ取組みとして、朝市代表者との意見交換会を開催しました（図10-6）。これもある朝市代表者から営農職員に「朝市の将来を他の朝市とも話し合ってみたい」という相談からでした。前年から少しずつ深めていったつながりもあり、都合で参加できない朝市もありましたが、ほとんどの朝市から出席いただきました。

　ただ、開会するまでは話がどちらに転ぶか全く想像できず、不安な面もありましたが、ふたを開けてみれば品物不足時の朝市間連携、朝市が集合できるイベント、さらなるJAによるPR活動といった積極的な提案があったり、コンビニ進出や独居高齢者の増加により少量の惣菜や加工品のニーズが高まっていることに気付いたりと、熱を帯びた意見交換会となりました。

図10-5　「ふれあい」特集記事

図10-6　朝市代表者との意見交換会

第10章　JA山口宇部のアクティブメンバーシップ強化に向けた活動実践

## ②農のフォトコンテスト

　当JAにももちろん農業振興地域や圃場整備地区はありますが、概要でも述べたとおり石炭やセメントで栄えた町としての印象が強くあります。そのなかで准組合員を中心とした地域消費者に地域農業の存在と魅力を発信する必要があるのではと考え、「後世に伝えたい農の風景」「身近な農業」をテーマに、はじめてフォトコンテストを企画しました。

　広く発信するには、なるべく人目につく場所が良いと、応募作品を市内ショッピングセンターに展示していいただけるよう協力をお願いしました。ただ、展示場所は決まりましたが、それ以外はどこから手をつければ良いかまったくわからず、まずはすでに実施されているJAに聞いてみようと、応募のきまりや初開催時は作品が集まりにくいことなどを教えていただきました（図10-7）。

　作品を集める方法は、JAグループ山口の写真が得意な職員に何度も相談し、何とか募集段階までこぎつけることができました。おかげで73作品の応募があり、無事展示会の開催となりましたが、この取組みは、さまざまなアドバイスなくしては実施が困難なものであり、JAグルー

図10-7　農のフォトコンテストチラシ

147

プ間の繋がりと優しさを強く感じています。

③**やっぱり地元農業が好き！**

「農のフォトコンテスト」と同様、地域消費者に地域農業を紹介したいという目的もありますが、それ以上に職員が生産者と向き合う姿勢を示すという目的が強い取組みです。内容は、当JAの広域重点推進品目12品目（はくさい、ブロッコリー、きゅうり、なす、トマト、にんにく、たまねぎ、にんじん、ばれいしょ、かぼちゃ、はなっこりー、キャベツ）それぞれに焦点を当てたPR動画ですが、収穫シーンだけでなく、播種や定植、中間の管理作業、育成状況などを「次はここ撮ろうか」と生産者と相談しながら何度も足を運ぶようにしています（図10-8）。

最初は双方ぎこちない様子ですが、徐々に打ち解け、収穫頃には地域農業の将来やJA自己改革に対する考え、JAへの期待や不満を話してもらえるようになりました。とある生産者を収穫後作業で訪問した際、「現場と本店、そして地域を繋ぐのが君の課の役目だろ」と言われ、身が引き締まるとともに、この取組みをやって良かったと強く思いました。

(3) **農を食べる活動**

①**新鮮館利用者とのおしゃべりパーティー**

当JAで准組合員を「地域農業の応援団」と明確に位置づけてからはじめて取り組んだ活動で、当JAの准組合員比率を考慮すると、准組合員の農に基づくアクティブメンバーシップ強化は急務でした。准組合員の思いをくみ取る場・つながりの場が必要と考え、准組合員の農に関す

図10-8　PR活動・生産者の説明

第10章　JA山口宇部のアクティブメンバーシップ強化に向けた活動実践

る声が聞きやすい事業活動はないかと模索した結果、当JAの農産物直売所「新鮮館」の意見交換会を実施することとしました。

現在では、准組合員・地域利用者がJA事業の運営に参加・参画する重要な場として年2回開催とし、この執筆中にも今年2月の第4回目開催に向け準備を進めているところです。

第1回目は利用者と本店職員で開催したところ、「生産者とも話してみたかった」という声もあり、第2回目は生産者1名が各テーブルを巡回しました（図10-9・10）。すると今度は「直売所職員とも話したい」となり、昨年9月に開催した第3回目は各テーブルに利用者・生産者・直売所職員（又は営農職員）の三者で開催し、ようやくかたちが定まったかのように思います。事前モニターでいただいた利用者の声をもとにそれぞれの立場で協議し、新鮮館の伸ばす点・改善すべき点を見つけ、足を運びやすい店舗づくりを進めています。

また、「見慣れない野菜は試食したい」「生産者とふれあえるイベントを増やして欲しい」など、いただいた意見はすぐに全店員に周知し、改善できるところから取組みを進めています。また、店内にはいただいた意見をまとめたポスターを掲示し、生産者と利用者にも周知を図っています。

当初はあまりJAに馴染みのない方々が集まるので、いかにもJAらしい会議室よりはおしゃれなスペースのほうが抵抗感はないだろうと、レストランを借りて2回ほど開催しました。しかし、参加者の新鮮館に

図10-9　第1回会場（市内レストラン）　　図10-10　第3回会場（JA本店）

対する前向きな意見を聞くと、場所はあまり関係ないのではと思い、今年度より本店会議室で実施しています。

②**おとな女子のためのワークショップ**

「みんなでやれば楽しい」をコンセプトに、当JA管内の女性が集まり料理などを学ぶ取組みで、参加対象は若手女性との関係性を築くためにフレッシュミズ世代（おおむね45歳未満）を中心に開催しています。

「プランター農家になろう」などのイベントでの告知や口コミなどで徐々に広がりを見せ、農業者以外にも専業主婦、自営業、会社員などさまざまな立場の女性が集まり、また子育て世代も参加しやすいよう託児制度も設けています。今年度は"お漬物女子"をコンセプトに、からし漬けなど漬物作りをベースとした全5回を計画し、使用する食材はできるだけ地元産にこだわるようにしました。

実は若い女性が農業やJAにどんなイメージを持っているかを直接聞きたいと思い、「おとな女子のためのおしゃべりパーティー」という若手女性を集めた意見交換会を実施したところ、予想以上に漬け物づくりや郷土料理に興味があることがわかりました（図10−11・12）。それを考えると、若い女性をJAに振り向かせ、さらなる組織基盤強化を進めるためには、漬け物づくりや郷土料理に慣れ親しんでいる女性部員（エルダー・ミドル）の力は非常に大きく、その力を活用させてもらうことが女性部のアクティブメンバーシップ強化にも繋がると考え、このワークショップの講師はできる限り女性部員にご協力をお願いしています。

図10−11　おとな女子のためのワークショップ①

図10−12　おとな女子のためのワークショップ②

## (4) JA理解・JAファンづくり
### ①組合員加入促進リーフレットの作成

　当JAの准組合員数は合併時から漸次増加（昨年度は減少）傾向にあり、その要因の一つとして信用事業新規利用者の増加が挙げられます（表10-4）。ただ、加入時に地域農業におけるJAの役割、信用事業以外のJA事業活動、JAによる地域貢献活動などの説明が不足していたように思えます。しかし、それを説明できる資料を準備していないことが問題と考え、今年度リーフレットを作成しました（図10-13）。事業活動事例や加入手続の流れなど内容は一般的なものですが、表紙には「地元農業を応援することが私たちの食を守ることに繋がる」と記し、地域農業の応援団への仲間入りを訴えています。

### ②いまさら聞けない10のお話し

　組合員・地域に愛されるJAを目指すためには、まず私たち職員が組合員・地域をもっと知る必要があると考えました。女性部や青壮年部といった組合員組織、支店協同活動や食農教育、農家や地域住民のくらし、地域の歴史や風土など、タイトルどおり、今さら人に聞くのは少し恥ずかしいが、知っておくべき内容を毎月1話ずつ発行し、全10話でまとめました。各話とも地域情報を記入する欄があり、支店独自の情報が作りあげられる仕組みとなっています。

　特に支店職員から反応が良かったのは、「地域の歴史・風土について」で、地名の由来や地元の偉人などを全支店分作成したことを伝えると、自支店以外の話も見てみたいとなり、そこから担当者のこの取組みに対する意欲に変化があったのではないかと感じています。

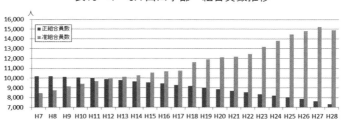

表10-4　JA山口宇部　組合員数推移

職員異動時の情報の引継時の利用を期待していましたが、回し読みで情報共有する支店もある一方、支店担当者の手元に留まっていたり、地域情報を記載していなかったりと、活用方法と内容更新に検討の余地を残すかたちとなっています。

(5) 地域農業の応援団の明確化と位置づけ

　以上のとおり、アクティブメンバーシップ強化に向け、さまざまな取組みを進めてはいましたが、参加された准組合員・地域利用者に地域農業を応援する自覚を持ってもらえたかどうか、昨年度はずっと不安を抱えていました。自覚を持ってもらうにはどうすれば良いかを検討した結果、見える形にして意識づけを図ろうとなり、「地元農業応援し隊」の文字とイラストを描いたオリジナル軍手を製作しました（図10-14）。

　現在は、地域農業の応援団を増やす取組みの際には、必ずこの軍手を渡し、この意味を伝えることで地域農業への理解と応援をお願いすることにしています。

図10-13　組合員加入リーフレット

図10-14　オリジナル軍手チラシ

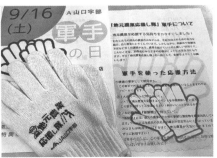

最初は緊張もありセリフを棒読みしていた部分もありましたが、今では自分たちの言葉で意味を伝えられるまでになりました。

### (6)　活動実践後の広報活動

上記のとおり、さまざまな活動を実践しても、准組合員・地域利用者に向けた活動の目的が地域農業の振興であることを正組合員に理解されなければ、活動の意味を大きく失ってしまいます。また、准組合員には、地域にはJAが必要だと一緒に言ってもらわなければ、活動が単なるイベントで終わってしまいかねません。

アクティブメンバーシップ強化を着実に進めるために、正組合員には毎月発行するJA広報誌「ふれあい」やホームページだけでなく、日本農業新聞へ必ず記事投稿することでJA内外から情報発信し、准組合員にはJAの一員である自覚を持ってもらうための声掛けを行うことで、活動実践から組合員の意識へ落とし込むことを心がけています。

また、2018年1月号のJA広報誌「ふれあい」から「准組合員の真価

図10－15　オリジナル軍手チラシ

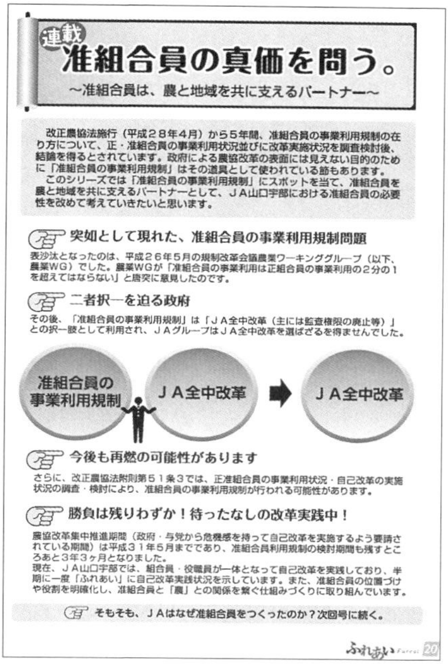

連載

准組合員の真価を問う。

～准組合員は、農と地域を共に支えるパートナー～

改正農協法施行（平成２８年４月）から５年間、准組合員の事業利用規制の在り方について、正・准組合員の事業利用状況並びに改革実施状況を調査検討後、結論を得るとされています。政府による農協改革の表面には見えない目的のために「准組合員の事業利用規制」はその道具として使われている節もあります。

このシリーズでは「准組合員の事業利用規制」にスポットを当て、准組合員を農と地域を共に支えるパートナーとして、ＪＡ山口宇部における准組合員の必要性を改めて考えていきたいと思います。

突如として現れた、准組合員の事業利用規制問題

表沙汰となったのは、平成２６年５月の規制改革会議農業ワーキンググループ（以下、農業WG）でした。農業WGが「准組合員の事業利用は正組合員の事業利用の２分の１を超えてはならない」と唐突に意見したのです。

二者択一を迫る政府

その後、「准組合員の事業利用規制」は「ＪＡ全中改革（主には監査権限の廃止等）」との択一肢として利用され、ＪＡグループはＪＡ全中改革を選ばざるを得ませんでした。



今後も再燃の可能性があります

さらに、改正農協法附則第５１条３では、正准組合員の事業利用状況・自己改革の実施状況の調査・検討により、准組合員の事業利用規制が行われる可能性があります。

勝負は残りわずか！待ったなしの改革実践中！

農協改革集中推進期間（政府・与党から危機感を持って自己改革を実施するよう要請されている期間）は平成３１年５月までであり、准組合員利用規制の検討期間も残すところあと３年３ヶ月となりました。

現在、ＪＡ山口宇部では、組合員・役職員が一体となって自己改革を実践しており、半期に一度「ふれあい」に自己改革実践状況を示しています。また、准組合員の位置づけや役割を明確化し、准組合員と「農」との関係を繋ぐ仕組みづくりに取り組んでいます。

そもそも、ＪＡはなぜ准組合員をつくったのか？次回号に続く。

ふれあい 20

を問う。」と題して、准組合員は農と地域を共に支えるパートナーであることを説明するため、JA における准組合員の必要性を正組合員に訴求する連載コーナーも始めています（図10-15）。

## 6．これからの重点取組み

### (1) 准組合員の正組合員化に向けたルートづくり

アクティブメンバーシップ強化に向けた活動にいろいろと取り組んでみてわかりましたが、やはり正組合員のほうがアクティブメンバーシップになりやすい立場にあります。また、准組合員の事業利用のあり方がどのようになるか不明ですが、当初伝えられた「准組合員の事業利用は正組合員の事業利用の2分の1を超えてはならない。」となった場合、非常に厳しい選択を迫られる可能性もあります。それらを考え、准組合員が正組合員になるルートを構築する方向で検討を始めています。

ただ、それ以上に「元気‼　朝市応援し隊」や「やっぱり地元農業が好き！」の取組みのなかで生産者から聞こえてきた、高齢化・後継者不足による生産量の低下への不安の声に対して、このルートづくりは喫緊の課題であり、たとえばプランター農家からのステップアップと朝市の悩みである生産者数の減少をマッチアップするなど、さまざまな組み合わせを検討すべき段階にきています。

### (2) 地域農業の応援団の増加

アクティブメンバーシップ強化において、准組合員の「地域農業の応援団」は重要な組織体の一つであり、JA ファンから JA 理解者、わが JA 意識の保持者となる准組合員を増やさなければなりません。そのために地元農業応援し隊オリジナル軍手の継続的配布と地産地消の実践者として地域農業の現状説明と必要性を訴える活動が必要となります。

### (3) 支店運営委員会を軸とした JA 理解・ファンづくりへの取組み

当 JA は管内の農業振興と健全な支店運営、そして地域の活性化を目的に地元役員や総代協議会会長、各組織代表などを構成員として各支店に支店運営委員会を設置しています。農協改革集中推進期間も残り1年

第10章　JA山口宇部のアクティブメンバーシップ強化に向けた活動実践

数か月となるなか、できるだけ多くの活動を実践する必要があり、それを考えると支店単位での活動数が重要となります。また、正組合員を中心とした支店運営委員会が活動することで、正組合員のアクティブメンバーシップ化を図ることもできますが、そのためには支店運営委員会で地域の活性化について今以上に協議してもらう必要があると考えています。

## 7．最後に

　これまでの活動を振り返ってみると、正組合員の多くはアクティブメンバーであることがわかりました。ただそれが生産活動や女性部・青壮年部といった組合員組織活動など、正組合員にとっては当たり前であるがゆえに、見ているのに見えていなかったのだと気づきました。これからは、それらの活動の見える化と世代交代への対応が喫緊の課題だと認識しています。それと、これからは組合員と役職員がお互いに誠意と目的を持って繋がる場をどれだけ持つことができるかが重要だと感じた場面がありました。

　「やっぱり地元農業が好き！」の取組みで生産組織代表者を訪問した時、「少しでいいから組合員のことを思って話を聞いて欲しい。JAの職員だから話している部分はどの組合員にもあると思う。本当はそこに組合員が何をして欲しいのかのヒントはいっぱい転がっていると思うのだけれど」と話しをしていただきました。

　実は、組合員と向き合うことが最初の自己改革かつ最大の自己改革であり、組合員は「いいね👍」を押すタイミングをずっと待っているのではないでしょうか。

（農業協同組合経営実務　2018年3月号）

# 第11章

# 多様化する組合員の期待に応える

西井 賢悟
一般社団法人日本協同組合連携機構 主任研究員

## 1. JAにおけるミッション・ビジョン・戦略

　経営学の教えによれば、ビジョンとは自組織の将来のあるべき姿を描いたものであり、当然それは自組織のミッションの範疇に収まるものでなければならない。そして、ビジョンの実現に向けて具体的に何をどのように展開していくのかをまとめたものが「戦略」と位置づけられる。

　JAのミッションは、JA綱領の条文、中でも「地域の農業を振興し、我が国の食と緑と水を守ろう」「環境・文化・福祉への貢献を通じて、安心して暮らせる豊かな地域社会を築こう」の二つに端的に示されている。この二つの条文から示唆される通り、JAのミッションは決して単一ではない。

　組合員がJAに求めているものも多様化している。表11-1は、今、全中が旗振り役となって展開しているアクティブ・メンバーシップの強化に向けた組合員アンケート（以下、「AMSアンケート」と略す）の結果である。この表によれば、組合員がJAに期待する役割は、正組合員では「農」が66.2%でもっとも高く、准組合員では「食」が65.6%でもっとも高くなっている。それ自体は容易に想定されるところだが、注目さ

れるのは、正組合員においては「食」「金融」「地域」に対して、准組合員においては「農」「金融」「地域」に対しての期待がおおむね4割以上の高い割合となっていることである。組合員がJAに期待している役割は決して一つではないのである。

ミッションも組合員の求めているものも単一ではない以上、JAのビジョンも特定の領域に焦点を絞って一本化することはむずかしく、「農」「食」などそれぞれについて将来の目指すべき姿を描くことが必要となる。

一般企業に置き換えれば、こうした領域の選択や、選択した領域にどのように経営資源を配分していくのかをまとめたものが全体戦略であり、選んだ領域一つ一つについて、将来のあるべき姿とその具体化に向けたシナリオをまとめたものが事業戦略といえる。

一般企業とは異なり、事業エリアに制約を持つJAにおいては、(販売事業を除いて)自由に市場を開拓することが困難である。よって、全体戦略は自ずとその地域の環境条件に規定されることとなる。JAが真価を問われるのは、「農」をはじめとする各領域について、それぞれどのような将来像を描き、それを実現するためにいかなる事業戦略を遂行するかであろう。実際に本誌の各論考は、事業戦略レベルの考察を中心として展開されている。以下では、まず「農」「食」「地域」について論じた論考をとりあげ、そこでのポイントを見ていく。

表11-1 組合員がJAに期待する役割

| 組合員がJAに期待する役割 | 回答割合 正組合員 | 回答割合 准組合員 |
|---|---|---|
| 「農」(地域農業の振興、担い手経営の支援、農地の保全など、農業の支援) | 66.2% | 45.7% |
| 「地域」(健康、福祉、介護を含む地域生活の幅広いサポート) | 36.9% | 40.6% |
| 「金融」(身近で安心できる金融サービスの提供) | 40.6% | 43.3% |
| 「食」(安心できる農産物、食料品の提供) | 47.0% | 65.6% |
| あまり期待しない | 6.8% | 5.7% |
| 不明・無回答 | 5.4% | 4.7% |

## 2.「農」「食」「地域」のあるべき姿の実現を目指して

### (1)「農」にかかる論考のポイント

　いずれの論考においても「農」にかかる考察が見られたが、ここでは畑中新吉氏の「JA新いわての将来ビジョン」(第8章)、前田秋晴氏の「安心して暮らせる地域づくりを目指して～JA佐渡の農業・地域づくりビジョン～」(第9章)の2論考をとりあげることとする。

　まず、畑中氏の論考だが、同氏の所属するJA新いわては、1997年に9JAが合併して誕生しており、さらに2008年に4JAと合併して現在に至っている。その結果、現在の事業エリアは岩手県のほぼ北半分を占めるなど、きわめて広大なものとなっている。こうした広域合併は、往々にして組合員の結集力の低下を招くのだが、当JAにおいては2010年度に406億円だった農産物販売高が、2016年度には477億円へと大きく拡大するなど、むしろ結集力が高まる傾向を示している。

　当論考では、こうした結集力強化の基点は、2009年度からの地域農業振興計画において「日本一の産地チャレンジ運動」を掲げ、農産物販売高の目標を500億円に設定したことにあり、その実現に向けて、第一に、生産規模拡大対策や新規就農者特別対策などに着手し、延べ2,900人を対象に10億円超の独自助成を行ったこと、第二に、JA全農いわてとJAでワンフロア化した「県北園芸センター」を設置し、情報の共有化を通じて有利販売を実現したこと、第三に、東京に専任職員を配置して消費地情勢の把握強化と迅速な対応に努めたことなどを述べている。これらは広域合併したからこそ実現できたものであり、合併メリットの発揮のあり方について示唆に富んだ事例といえる。

　次に、前田氏の論考だが、同氏の所属するJA佐渡管内では、2008年よりトキの野生復帰に向けて島をあげて動いており、その中で「環境保全型農業」「生物多様性農業」の取組みが進んでいた。このことを踏まえて、米の振興策としてコストダウンを通じた「強い農業づくり」ではなく、「こだわりの産地」として付加価値を高める道を選び、その実現に向けて何に取り組んだのかが論じられている。

具体的には、米の品質向上に向けて2013年から「佐渡米未来プロジェクト品質向上90」を立ち上げ、毎年延べ400会場で現地指導会を実施するとともに、色彩選別機の導入などを通じて品質の担保を図っていることが述べられている。現在ではこうした取組みを「佐渡米憲章」としてまとめ、安全・安心や美味しさは当然として、水田農業を中心とする文化・伝統・芸能を次世代へつなげていこうとしているとのことであり、地域に根ざした農業振興のあり方を学ぶうえで、格好の教材となりうる事例といえる。

(2) **「食」にかかる論考のポイント**

　「食」にかかる論考としては、志村孝光氏の「都市型JAにおける直売所を起点とした改革」（第6章）、二見竜二氏・大谷晃弘氏・佐々木雄基氏の「経営理念の実現に向けたJAおちいまばりの取組み『あったか～い、心のおつきあい。』」（第7章）の2論考があげられる。どちらも直売所を中心とする考察が展開されている。

　まず、志村氏の論考だが、同氏の所属するJA東京みなみ管内は人口423千人で、管内人口は増加傾向にある。正組合員に比べて准組合員が多数を占めている状況にあり、当JAが自ら実施したアンケートによると、准組合員がJAにもっとも期待することは「直売所の活性化」であった。こうしたことから、2017年10月に大型農産物直売所を新設することとし、当論考ではそこでの競争優位に立つための戦略が論じられている。

　具体的な戦略の中身は、第一に、地元野菜の品質の高さをストロングポイントとする差別化戦略をとること、第二に、その品質の高さを消費者に訴求するために販売員による「試食」を売り方の中心に置くこと、第三に、現在分散している販路を新設の直売所に集中化するとともに、適正価格で販売するために「買取」を実施すること、第四に、地元産の農畜産物を50％以上とし、残りは全国のJAの厳選した農畜産物や加工品等を販売することなどとなっている。実に論理的かつ明快な戦略となっており、直売所の競争戦略のモデルといえるだろう。

　次に、二見氏・大谷氏・佐々木氏の論考だが、三氏の所属するJAおちいまばりの直売所「さいさいきて屋」は、JA関係者ならばすでに多

くの人がその存在を知っているだろう。2000年に出荷会員90人でスタートした同直売所は、現在売上高20億円を超える全国有数の規模にまで成長している。本論考ではこうした成長の背景にある考え方と具体的な取組みが述べられている。

　なかでも興味深いのは、「日本一売れ残りが少ない直売所」をめざして、直売所に併設する形で「彩菜食堂」「SAISAICAFE」を設置し、閉店後の出荷残品を食材として活用していることや、野菜の乾燥・パウダー工房を設置してそこで一次加工を施し、サブレやパンに使用してカフェのメニューとしていることなどである。食品ロスが社会問題化する中で、時代を先取りする取組みといえるだろう。この他にも、高齢者等の買い物弱者に対してタブレットを貸し出し、安否確認とセットで受注・配達のサービスを行っていることなども述べられている。当事例は、直売所の過当競争が指摘される今日にあっても、そこに携わる関係者の努力や創意工夫によって、直売所にはまだまだ多くの進化の余地が残されていることを教えてくれている。

## (3)　「地域」にかかる論考のポイント

　「地域」にかかる論考としては、澁谷奉弘氏の「組合員とともにあゆむ協同組合活動の実践〜東日本大震災を教訓とした自己改革への挑戦〜」（第4章）、角田茂樹氏の「次世代経営戦略としての『経営品質』〜高品質の組合員価値を生み出す戦略策定を目指して〜」（第5章）の2論考があげられる。

　まず、澁谷氏の論考だが、同氏の所属するJA仙台管内は、東日本大震災で未曾有の惨禍に見舞われている。その中で、2016年度からの第6次中期経営計画においては、「地域とともにJA仙台〜食と農で素敵な笑顔に〜」をキャッチフレーズに掲げ、一人でも多くの笑顔を生み出すためにさまざまな取組みに力を注いでいることが述べられている。

　たとえば、「農事組合法人せんだいあらはま」では、産官学連携のもとで荒浜地区のコミュニティーを再生し、さらに次世代がここで農業をしたいと感じられるように地元小学生への農業体験スクールをはじめたこと、「あすファーム松島」では障害者の雇用を推進して農複連携を通

じた新たな営農モデルの確立に向けて動き出したこと、そして各支店において、従来からのくらしの活動に新たに一つを加える「プラスワン活動」に着手し、ATMコーナーへの「こども110番」の設置や、高齢者の見守りなどに取り組んでいることが述べられている。地域を元の形に戻すことにとどまらず、そこで暮らす人々の笑顔のために、新たな挑戦に励む当JAの姿勢を全国多くのJAは学ぶべきといえるだろう。

次に、角田氏の論考だが、同氏の所属するJA横浜は、その管内が経済的にきわめて恵まれた条件にあることは容易に想定されるところである。しかしそれ故に、金融機関同士の競争は熾烈を極めている。当論考では、そうしたなかにあって、当JAが競争優位に立つための突破口は「経営品質の向上」、すなわち、長期に渡って組合員・利用者の求める価値を創出することにあると考え、その実現に向けた戦略を論じている。

具体的には、メガバンクや大手地銀と同様に「コスト・リーダーシップ戦略」をとるのではなく、JA独自の渉外活動や地縁組織を通じたきめ細やかなサービス、アフターフォローを生かした「差別化戦略」を中心に据え、さらに当JAの収益の少なからぬ部分を生み出す大口利用の正組合員を対象として、渉外担当者や支店管理者等による優先的対応を図る「コスト集中戦略」を組み合わせるべきとしている。自組織の置かれた環境と強みを十分に踏まえた本論考からはリアリティーが感じられる。地域金融機関としてのJAの競争戦略として、一つの範をなすものといえるだろう。

## 3．組合員との関係強化をいかに進めるか

さて、本誌では「農」「食」「地域」といった取組みだけでなく、組合員との関係をいかに構築し、それを深めていくかについての論考、いわば組織基盤強化戦略を論じたものも見られた。具体的には、岡村岳彦氏の「組合員とともにあゆむ協同組合活動の実践～JA周南・正組合員全戸訪問の意義～」（第2章）、大西裕幸氏の「JA北ひびきの将来ビジョン～共に創る地域の未来～」（第3章）、安平友員氏の「JA山口宇部の

第11章　多様化する組合員の期待に応える

アクティブ・メンバーシップ強化に向けた活動実践」（第10章）の３論考である。

　まず、岡村氏の論考だが、同氏の所属するJA周南は2015年に合併20周年を迎えている。それにあたり、これまでJA運営を支えてくれた組合員に感謝を伝えるとともに、組合員の声に基づく自己改革プランの作成のために取り組んだのが正組合員全戸訪問である。

　2015年８月に全職員で取り組んだ訪問活動は、訪問対象が9,326戸、実際に面談してJAに対する意見等を聞き取りできたのは7,809戸で、面談率は８割を超えている。当JAでは、訪問活動の前に全役職員で協同組合の基本特性にかかる再確認を入念に行っており、そのことが高い面談率の一因となっている。JAグループは、2019年に正・准すべての組合員を対象とするアンケート調査を予定しているが、その成功には何が必要なのかを当事例はよく教えてくれている。

　次に、大西氏の論考だが、同氏が所属するJA北ひびきの農産物販売高は約190億円で、管内では米、麦、大豆、野菜、酪農など多様な農業が活発に展開している。ただしそれらの生産を支える正組合員は２千人弱にとどまり、年々減少傾向にある。こうした状況を踏まえて、大西氏は正組合員を「農業振興の主人公」、准組合員を「農業振興の応援団」と位置づけ、正組合員・准組合員・JAの三位一体的な取組みによる「農業所得増大のメンバーシップ」を提唱している。

　具体的には、特に准組合員に対して集出荷や選果での労働力の提供を求め、実際にそれらの作業を通じて正組合員の作った農産物の品質を自分の目で確認し、産地（農産物の品質）に太鼓判を与えてもらうことを構想している。確かに全国各地の集荷場や選果場においては、多くの非農家が作業に従事している。そうした作業従事者を「農業振興の応援団」と位置づけ、産地に太鼓判を与えてもらうことは従来にない斬新な発想といえるだろう。

　一方、安平氏の論考だが、同氏の所属するJA山口宇部では、2016年度からの第６次中期計画において「農業者の所得増大・農業生産の拡大」「地域の活性化」「組合員との繋がり強化」を基本目標に掲げており、こ

の中の「組合員との繋がり強化」を具体化する施策としてアクティブ・メンバーシップの強化に取り組んでいる。

　具体的には、とくに准組合員と地域農業を繋げていくことに重点を置き、信用・共済事業の利用を通じた「農を支える活動」、直売所等での地元農産物の購入を通じた「農を食べる活動」、農業体験等を通じた「農を知る活動」、新規就農や援農スタッフなど「農を営む活動」の四つのタイプに活動を分け、それぞれの強化に努めている。准組合員と地域農業との関わりの段階を明確にした明快な戦略といえるだろう。

##  ４．組合員が主人公のJAづくりを目指して

### (1)　「あるもの探し」で一歩ずつの前進を

　以上、本書に掲載された論考のポイントを見てきた。各論考とも自組織の従来からの取組みや環境条件の変化を踏まえて、一歩先に進むためにしてきたこと、あるいはこれから一歩先に進むために何をするのかについて論じている。堅実的かつ現実的な論考が多いといえるだろう。

　本書の先陣を切った藤井氏は、JAに対して「あるもの探し」の必要性を喝破しているが（第1章）、各論考からはそれぞれのJAがまさに「あるもの探し」を通じて、一歩先に進むための具体策を積み重ねていることが強く感じられる。

　JAは地域に根ざした存在である。そして人々が定住する地域はおよそ安定を求めるものであろう。外からは「非連続」な改革を求める声も聞かれるが、JAは組合員や地域住民とともに、一歩ずつ着実な前進を続けることをめざすべきである。

　ところで、協同組合であるJAの主人公は、いうまでもなく組合員である。ゆえに、JAがもっとも力を入れなければならない「あるもの探し」は、組合員のJAに対する意識や実際の関わりを把握し、そこから「できること探し」をすることではないだろうか。しかしながら、広域合併を通じた組織の大型化や組合員の世代交代などのなかで、多くのJAにおいてはこうした「あるもの探し」が不十分な状況になっていると考え

られる。

　以下では、「AMSアンケート」を用いて組合員とJAの関わりの実態について確認を行い、そこから導き出される全国のJAに期待される取組みを提起して本稿の結びとする。

## (2) 「AMSアンケート」に見る組合員のJAとの関わり

　表11-2に示される通り、「AMSアンケート」では組合員とJAの関わりについて、意識面は「親しみ」をはじめとする3項目・30点満点で、行動面は事業利用・非事業利用トータル7項目・70点満点で「見える化」を図っている。この表からは多くの特徴を指摘できるのだが、ここではさしあたり以下の5点を指摘しておきたい。

　第一には、正・准組合員の全体の結果において、意識点・行動点のすべての項目で正組合員の方が高くなっていることである。このことは、「准組合員は不特定多数の顧客である」との批判を招かないためにも、JAが准組合員との関係強化に一層力を入れなければならないことを示唆している。

　第二には、農業類型別の行動点の小計において、販売金額の大きい類型ほど点数が高くなっていることである。このことは、農業との関わりが深い組合員ほどJAとの関わりも深くなることを意味している。

　第三には、農業類型別の行動点の小計において、「多様な担い手（販売あり）」と「多様な担い手（販売なし）」の間で点数差が大きくなっていることである。このことは、農産物販売の有無がJAとの関わりに大きく影響することを意味している。農産物直売所をはじめとする地場流通の強化などを通じて、自給的農家や土地持ち非農家が増える動きに歯止めをかけることが必要といえる。

　第四には、意識点の小計において、「多様な担い手（販売なし）」の点数が准組合員全体下回っていることである。このことは、農産物販売を行わなくなった正組合員の感情的な結びつきが、准組合員よりも弱いことを意味している。「多様な担い手（販売なし）」は共益権を持っており、こうした組合員の意識点が低い現状は、JAの組織基盤が揺らいでいることの象徴といえるだろう。

第五には、正組合員の女性、准組合員の男女において、65歳以上になると意識点が大きく下がることである（正組合員の男性は75歳以上で大きく低下）。つまり、多くの組合員はJAに対する感情的な結びつきが薄れていくなかで組合員であることを終えている。JAはこれまで組織を支えてくれた組合員に報いるためにも、高齢組合員の生きがいづくり等に積極的に取り組むべきといえるだろう。親の姿を子供は必ず見ている。高齢組合員を大切にすることは、実は次世代対策としても大きな意味を

表11-2　組合員とJAの関わり

| | | | 意識（点） | | | | 行動（点） | | | | | | | |
|---|---|---|---|---|---|---|---|---|---|---|---|---|---|---|
| | | | | | | | 事業利用 | | | 非事業利用 | | | | |
| | | | 親しみ | 必要性 | 理解 | 小計 | 営農 | 信共 | 生活 | 活動参加 | 組合員組織加入 | 意思反映 | 運営参画 | 小計 |
| 配点 | | | 10 | 10 | 10 | 30 | 10 | 10 | 10 | 10 | 10 | 10 | 10 | 70 |
| 正組合員 | 正組合員合計 | | 6.6 | 6.7 | 5.0 | 18.2 | 3.6 | 4.5 | 3.2 | 5.2 | 4.0 | 4.1 | 4.9 | 29.5 |
| | 農業類型 | 担い手経営体 | 7.4 | 7.5 | 5.9 | 20.8 | 5.5 | 7.2 | 3.6 | 7.8 | 7.4 | 6.4 | 8.2 | 46.1 |
| | | 中核的担い手 | 7.1 | 7.6 | 5.6 | 20.3 | 5.8 | 6.3 | 3.5 | 7.4 | 6.9 | 6.4 | 7.8 | 44.1 |
| | | 多様な担い手（販売あり） | 6.6 | 6.8 | 5.1 | 18.4 | 4.6 | 5.1 | 2.7 | 6.6 | 5.8 | 5.6 | 7.4 | 37.8 |
| | | 多様な担い手（販売なし） | 6.0 | 5.8 | 4.2 | 16.0 | 2.0 | 4.3 | 2.2 | 5.5 | 4.2 | 3.8 | 5.4 | 27.4 |
| | 性別・年齢 | 男性 49歳以下 | 6.8 | 7.1 | 5.3 | 19.2 | 3.6 | 5.0 | 3.1 | 4.5 | 3.5 | 2.5 | 3.4 | 25.6 |
| | | 男性 50～64歳 | 6.7 | 6.9 | 5.5 | 19.1 | 3.5 | 4.7 | 3.2 | 4.5 | 3.8 | 3.9 | 4.8 | 28.5 |
| | | 男性 65～74歳 | 6.7 | 6.8 | 5.4 | 18.9 | 3.7 | 4.5 | 3.3 | 5.4 | 4.6 | 5.0 | 6.2 | 33.1 |
| | | 男性 75歳以上 | 6.2 | 6.4 | 4.4 | 17.0 | 3.4 | 4.1 | 3.0 | 5.8 | 4.4 | 5.0 | 6.4 | 32.5 |
| | | 女性 49歳以下 | 6.4 | 6.5 | 4.5 | 17.4 | 2.0 | 4.4 | 3.3 | 4.5 | 1.5 | 0.7 | 0.8 | 17.3 |
| | | 女性 50～64歳 | 7.1 | 7.1 | 4.8 | 19.1 | 3.0 | 4.9 | 3.4 | 5.9 | 3.5 | 2.0 | 2.6 | 25.6 |
| | | 女性 65～74歳 | 6.8 | 6.7 | 4.6 | 18.0 | 3.1 | 4.5 | 3.6 | 6.6 | 4.9 | 2.5 | 4.0 | 29.1 |
| | | 女性 75歳以上 | 6.0 | 5.7 | 3.3 | 15.1 | 2.2 | 3.6 | 2.6 | 5.4 | 4.2 | 2.1 | 3.5 | 23.6 |
| 准組合員 | 准組合員合計 | | 6.5 | 6.0 | 4.3 | 16.9 | 1.3 | 3.7 | 2.9 | 4.0 | 1.5 | 0.7 | 1.0 | 15.1 |
| | 性別・年齢 | 男性 49歳以下 | 6.7 | 6.5 | 4.7 | 17.9 | 0.9 | 4.9 | 2.5 | 3.3 | 0.6 | 0.3 | 0.5 | 13.1 |
| | | 男性 50～64歳 | 6.6 | 6.3 | 4.7 | 17.7 | 1.2 | 4.3 | 2.7 | 3.3 | 1.1 | 0.6 | 0.7 | 13.7 |
| | | 男性 65～74歳 | 6.4 | 5.8 | 4.8 | 16.9 | 1.4 | 3.3 | 2.8 | 4.2 | 1.8 | 0.7 | 1.2 | 15.4 |
| | | 男性 75歳以上 | 6.1 | 5.3 | 3.8 | 15.2 | 1.4 | 3.0 | 2.5 | 4.4 | 2.2 | 1.0 | 1.8 | 16.4 |
| | | 女性 49歳以下 | 6.9 | 6.7 | 4.3 | 17.9 | 0.6 | 4.5 | 2.8 | 4.1 | 0.4 | 0.2 | 0.2 | 12.8 |
| | | 女性 50～64歳 | 6.8 | 6.5 | 4.4 | 17.7 | 1.3 | 3.9 | 3.2 | 4.7 | 1.4 | 0.6 | 0.9 | 15.6 |
| | | 女性 65～74歳 | 6.6 | 6.1 | 4.1 | 16.8 | 1.4 | 3.5 | 3.1 | 5.2 | 2.6 | 0.8 | 1.3 | 17.8 |
| | | 女性 75歳以上 | 6.3 | 5.4 | 3.3 | 15.1 | 1.3 | 3.3 | 2.6 | 4.8 | 2.8 | 1.1 | 2.0 | 17.9 |

資料：表1と同様。
注：「担い手経営体」とは販売金額1千万円以上、「中核的担い手」とは300万円～1千万円、「多様な担い手（販売あり）」とは300万円未満、「多様な担い手（販売なし）」とは販売のない正組合員を意味する。

## (3) 「農」を学ぶ場の体系化

　以上のように、組合員とJAの関わりについて五つの特徴を指摘したが、ここでは第二の特徴として指摘した点に着目したい。

　表2によれば、農産物販売金額が大きい類型ほど、営農事業の利用度合いが高まることはもちろん、信用・共済事業の利用度合いや活動参加も高まる傾向が見られるのである。ゆえに、筆者はJAが組合員との関係強化を図る基本方策は、組合員一人一人に対して農業との関わりを深めるためのサポートをすることだと考えている。それは決して根拠のないことではない。

　表11-3は「AMSアンケート」の結果の中から、JAに期待する活動

表11-3　組合員がJAに期待する活動

| | | | 農業ビジネス講座(%) | 栽培技術講座(%) | 子供たちの農業体験(%) | 地域環境をよくする活動(%) | 料理・農産物加工教室(%) | お祭り等のイベント(%) | 旅行等のレクリエーションイベント(%) | サークル活動(%) | 高齢者の生きがいづくり(%) |
|---|---|---|---|---|---|---|---|---|---|---|---|
| 正組合員 | 正組合員合計 | | 17.7 | 25.8 | 10.3 | 18.7 | 9.8 | 14.7 | 12.8 | 8.5 | 25.2 |
| | 農業類型 | 担い手経営体 | 38.0 | 29.0 | 16.9 | 18.2 | 9.4 | 14.2 | 9.7 | 8.7 | 12.8 |
| | | 中核的担い手 | 36.7 | 34.6 | 10.5 | 17.3 | 8.5 | 12.6 | 11.2 | 6.3 | 16.1 |
| | | 多様な担い手(販売あり) | 24.3 | 31.6 | 10.1 | 19.4 | 9.7 | 15.1 | 12.3 | 7.7 | 26.2 |
| | | 多様な担い手(販売なし) | 9.8 | 22.1 | 10.2 | 19.0 | 10.5 | 15.6 | 13.4 | 9.3 | 27.3 |
| | 性別・年齢 | 男性 49歳以下 | 37.5 | 26.1 | 17.2 | 20.0 | 6.0 | 15.1 | 5.5 | 6.2 | 9.9 |
| | | 男性 50〜64歳 | 26.7 | 31.5 | 10.6 | 20.9 | 8.7 | 14.2 | 9.0 | 7.5 | 16.3 |
| | | 男性 65〜74歳 | 17.5 | 28.2 | 10.8 | 20.5 | 6.6 | 16.0 | 9.2 | 8.3 | 25.4 |
| | | 男性 75歳以上 | 13.7 | 21.7 | 8.2 | 16.5 | 6.0 | 14.2 | 13.3 | 6.8 | 34.4 |
| | | 女性 49歳以下 | 10.2 | 24.2 | 19.3 | 17.4 | 13.9 | 19.3 | 8.2 | 10.2 | 14.9 |
| | | 女性 50〜64歳 | 12.5 | 29.6 | 13.9 | 16.3 | 25.6 | 15.0 | 20.5 | 16.5 | 19.1 |
| | | 女性 65〜74歳 | 7.3 | 21.3 | 9.9 | 16.6 | 25.7 | 15.2 | 14.0 | 14.0 | 30.6 |
| | | 女性 75歳以上 | 4.0 | 14.4 | 7.5 | 14.1 | 13.6 | 12.3 | 14.1 | 8.4 | 40.8 |
| 准組合員 | 准組合員合計 | | 6.9 | 16.8 | 15.3 | 18.2 | 15.4 | 18.1 | 17.5 | 11.6 | 24.9 |
| | 性別・年齢 | 男性 49歳以下 | 15.3 | 14.3 | 30.9 | 21.7 | 8.9 | 21.9 | 11.6 | 7.0 | 11.0 |
| | | 男性 50〜64歳 | 11.5 | 21.3 | 15.2 | 22.4 | 11.5 | 17.9 | 14.9 | 10.5 | 20.4 |
| | | 男性 65〜74歳 | 5.7 | 19.8 | 11.0 | 20.4 | 9.7 | 18.8 | 16.9 | 11.2 | 26.5 |
| | | 男性 75歳以上 | 4.0 | 14.1 | 7.4 | 16.3 | 6.8 | 16.0 | 16.4 | 9.2 | 34.4 |
| | | 女性 49歳以下 | 7.3 | 12.2 | 36.4 | 20.5 | 21.4 | 25.1 | 13.2 | 9.0 | 14.9 |
| | | 女性 50〜64歳 | 6.3 | 20.3 | 16.8 | 17.1 | 28.4 | 17.0 | 23.0 | 16.2 | 20.8 |
| | | 女性 65〜74歳 | 3.0 | 17.0 | 10.1 | 14.4 | 24.6 | 17.0 | 23.5 | 16.2 | 29.3 |
| | | 女性 75歳以上 | 1.7 | 9.8 | 7.0 | 13.7 | 15.4 | 14.9 | 17.7 | 9.4 | 39.1 |

資料：表1と同様。
注：網掛けは各類型の中で回答割合が最も高いことを意味する。

についての結果を示したものであるが、この表から、組合員がJAに期待する活動はやはり農に関わるものが中心であることを確認できる。

まず、農業類型別の結果を見ると、「担い手経営体」「中核的担い手」は「農業ビジネス講座」、「多様な担い手（販売あり）」は「栽培技術講座」への期待がもっとも高くなっている。また、准組合員の「男女・49歳以下」は「子供たちの農業体験」がもっとも高い。さらに准組合員合計の結果を見ると、「栽培技術講座」について16.8％と比較的高い期待になっており、「男女・50～64歳」では２割を超えている。

なぜ、非農家である准組合員が「栽培技術講座」を期待するのか。それはとりもなおさず、農業に携わっている准組合員が多いためである。「AMSアンケート」では、准組合員に対して現在の農業との関わりを尋ねているのだが、家庭菜園をはじめ何らかの農作物の栽培を行っている人が全国平均では４割強を占めることが確認されている。私たちが想像している以上に、人々の暮らしの中に農は定着しているのである。

こうした農に対するニーズや農との関わりの実態を踏まえて、各JAには、図11-1に示すように農を学ぶ場の体系化を図ることが期待される。

まず、現在農業との関わりを持たない准組合員や地域住民に対しては、農業体験や食農教育の場への参加を働きかける。次に、それらへの参加

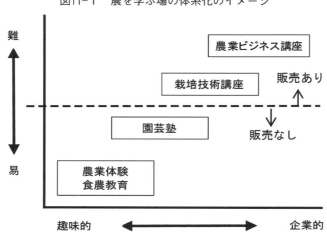

図11-1　農を学ぶ場の体系化のイメージ

第11章　多様化する組合員の期待に応える

を通じて農業に関心を持つようになった人や家庭菜園等を営む人に対しては、野菜等の栽培方法を学ぶ園芸塾への参加を呼びかける。園芸塾は通年的な講座とし、修了生には直売所への出荷を働きかけるようにする。そして、直売所出荷者をはじめ農産物販売を行う組合員に対しては、栽培技術の高度化を目指して栽培技術講座に参加してもらい、さらに企業的な発展を志向する生産者に対しては農業ビジネス講座へ誘導する。

　こうした農を学ぶ場を通じて、組合員一人一人の農との関わりの深化を促することが期待される。その結果として、信用・共済事業の利用や他の活動への参加等も活発化することを「AMSアンケート」は示しているのである。今後全国のJAに「農」を学ぶ場の体系化を図る動きが広がることを期待したい。

（農業協同組合経営実務　2018年4月号）

【編著者略歴】
藤井　晶啓（ふじい　あきひろ）
1966年広島県生まれ。東京都立大学理学部地理学科卒業。1989年に全国農業協同組合中央会に入会。教育企画課長、畜産園芸対策課長、人事課長、第26回JA全国大会準備室長、教育部長を経て、2018年8月より一般社団法人日本協同組合連携機構（JCA）。中小企業診断士。

西井　賢悟（にしい　けんご）
1978年東京都生まれ。岡山大学大学院自然科学研究科博士後期課程修了。博士（農学）。一般社団法人長野県農協地域開発機構を経て、2016年4月より一般社団法人JC総研（現　日本協同組合連携機構）主任研究員。

JAの将来ビジョン
──JA経営マスターコース修了生はこう考える──

2019年2月1日　第1版第1刷発行

| | | |
|---|---|---|
| 編著者 | 藤井　晶啓 | |
| | 西井　賢悟 | |
| 発行者 | 尾中　隆夫 | |

発行所　全国共同出版株式会社
〒160-0011　東京都新宿区若葉1-10-32
電話 03(3359)4811　FAX 03(3358)6174

©2019　Akihiro Fujii, Kengo Nishii
定価は表紙に表示してあります。

印刷／新灯印刷（株）
Printed in Japan

本書を無断で複写（コピー）することは，著作権法上認められている場合を除き，禁じられています。